中国天然气组分地球化学研究进展丛书
戴金星　主编

卷七

中国天然气中汞的形成与分布研究进展

主　编　李　剑
副主编　卫延召　刘　岩

科学出版社
北　京

内 容 简 介

本书收录了戴金星院士及其弟子们在天然气中汞形成、富集规律、分布特征及汞脱除研究方面的代表性论文。收录内容涉及天然气中汞的检测技术、我国天然气中汞的来源、形成机理、富集主控因素、凝析油中汞的形态、脱汞技术及汞地球化学特征等。

本书可供从事石油天然气地球科学工作者、石油院校师生、油田现场生产部门的技术和管理人员阅读参考。

图书在版编目（CIP）数据

中国天然气中汞的形成与分布研究进展 / 李剑主编. -- 北京：科学出版社，2024.10. -- (中国天然气组分地球化学研究进展丛书 / 戴金星主编). -- ISBN 978-7-03-079604-2

Ⅰ. P618.68

中国国家版本馆 CIP 数据核字第 2024N5C203 号

责任编辑：韦　沁　张梦雪 / 责任校对：何艳萍
责任印制：肖　兴 / 封面设计：有道文化

科 学 出 版 社 出版
北京东黄城根北街 16 号
邮政编码：100717
http://www.sciencep.com

北京市金木堂数码科技有限公司印刷
科学出版社发行　各地新华书店经销

*

2024 年 10 月第 一 版　　开本：787×1092　1/16
2024 年 10 月第一次印刷　　印张：8 3/4
字数：296 000

定价：128.00 元
（如有印装质量问题，我社负责调换）

"中国天然气组分地球化学研究进展丛书"顾问委员会

主　　任：马永生
副主任：李国欣　窦立荣
成　　员：（按姓氏笔画排序）

王云鹏	王红军	王晓梅	龙胜祥	田　辉	代世峰	白　斌
冯子辉	刘文汇	刘新社	孙永革	李　伟	杨　威	杨　智
肖贤明	邱楠生	何登发	张功成	陆现彩	陈汉林	陈建平
陈衍景	陈践发	胡文瑄	钟宁宁	侯读杰	贾望鲁	曹　剑
琚宜文	董大忠	蒋少涌	蔡春芳	谭静强	熊　伟	戴彩丽
魏国齐

"中国天然气组分地球化学研究进展丛书"编辑委员会

主　编：戴金星
编　委：（按姓氏笔画排序）

于　聪	卫延召	冯子齐	朱光有	刘　岩	刘全有	李　剑
杨　春	吴小奇	谷　团	周庆华	房忱琛	赵　喆	秦胜飞
倪云燕	陶士振	陶小晚	黄士鹏	龚德瑜	彭威龙

本书编辑委员会

主　编：李　剑
副主编：卫延召　刘　岩
审　核：戴金星　刘全有
委　员：（按姓氏汉语拼音排序）
　　　　班兴安　戴金星　葛守国　韩中喜　洪　峰
　　　　侯　路　李　剑　李　新　刘恩国　刘全有
　　　　苗新康　彭威龙　王淑英　王用良　吴圣姬
　　　　吴小奇　徐朱松　严启团　张　斌　张洪杰
　　　　赵允龙

丛 书 序

  天然气是重要的低碳绿色清洁化石能源，其组分作为天然气研究的基础单元，承载着丰富的信息和能源价值。对天然气不同组分的地球化学研究是天然气领域的重点关注方向之一，也对推动天然气资源的发现和提高天然气勘探开发效率具有举足轻重的意义。"中国天然气组分地球化学研究进展丛书"分为七卷，分别涉及中国的烷烃气碳氢同位素成因，天然气中二氧化碳、氮气和氢气，氦气地球化学与成藏，天然气轻烃组成及应用，无机成因气及气藏，含油气盆地硫化氢的生成与分布以及天然气中汞的形成与分布等的研究进展。该丛书汇集众多中国天然气组分地球化学的研究成果，深入剖析烷烃气、轻烃、无机气、硫化氢、氦、汞、二氧化碳等组分，使读者全面了解天然气的地球化学特征、分布规律、形成与运聚机制，明确天然气成藏、演化过程，并提供地质应用实例，为指导勘探开发提高资源利用效率提供支撑。

  丛书的编撰团队由戴金星院士携手他的20名学生组成，几十年来致力于天然气的研究和勘探开发，在学术上取得了丰硕成果，培养一批优秀的青年科技工作者，推动了我国天然气学科的发展。戴金星院士曾先后出版过《天然气地质和地球化学文集》和《戴金星文集》等多部文集，这些文集均以他个人研究成果为主。而本次出版的"中国天然气组分地球化学进展丛书"，是以戴金星院士和他的学生组成的团队近二十余年的研究成果，包括对过去研究成果的回顾，对现在研究内容的思考，对未来研究思路的探讨。该丛书集团队力量，精心编制，是初学者了解天然气组分地球化学研究进展的参考文献，也是长期从事天然气勘探开发科研工作者相互交流的桥梁。研究者可以借助该丛书中的内容，开展更深入系统的合作研究，探讨天然气组分地球化学领域的前沿问题，激发科研成果的创新活力，推动天然气资源的可持续开发和利用。

在组织编撰丛书的过程中，戴金星院士携学生团队对研究数据一丝不苟，对研究成果精益求精。在戴金星院士鲐背之年，依然怀揣为祖国找气的理想，坚守为科研奋斗的信念，十分敬佩。期待该丛书的出版促进学术交流合作，推进天然气科学研究，为我国至关重要的天然气工业气壮山河的发展锦上添花。

中国科学院院士
发展中国家科学院院士
美国国家科学院外籍院士

2024 年 4 月 10 日

丛 书 前 言

1961年，我从南京大学地质系大地构造专业毕业后，被分配到北京石油部石油科学研究院。按石油部传统，刚到的大学生要到油田锻炼，所以我在北京只工作了半年，就和一些同事到江汉（五七）油田工作了十年。在大学五年中我没有学过一门石油专业课程，故摆在我面前的专业负担极其沉重，学习的专业和工作的专业矛盾着。面对现实，我发奋阅读油气专业文献和资料，江汉油田不大的图书馆中有关油气地质和地球化学的书，我几乎都读了，那时正值"文革"，我作为逍遥派，读书时间是宽裕的。在不断阅读中，我了解到中国和世界其他一些国家存在石油与天然气的生产和研究的不平衡性。前者产量高研究深入，研究人员济济；后者产量低研究薄弱，研究人员匮乏。经过调查对比，我选定天然气地质和地球化学作为自己专业目标和方向，因为这样才能在同一起跑线上与人竞争，才有跻身专业前列的条件和可能。

1986年之前，中国没有出版包含天然气地质和天然气地球化学的天然气地质学、中国天然气地质学等书，至今出版了天然气地质学、天然气地质学概论、中国天然气地质、天然气地球化学、煤成烃地球化学和天然气成因等书籍至少达15部，世界上第一部天然气地质学专著1979年在苏联出版。所以，在我选定天然气地质和地球化学方向的20世纪60年代下叶至70年代下叶，没有可供系统学习的天然气地质和地球化学专业书籍。在此状况下，我经过反复斟酌，决定首先从学习天然气各组分入手，天然气是由基础单元各组分的混合物，主要是烷烃气、二氧化碳、氮、氢、硫化氢、汞、轻烃，还有稀有气体氦、氩等，也就是说天然气由元素气和化合物气组成。这些气组分可以从当时普通地质学、石油地质学、化学等书籍，甚至可由化学辞典获取。我先用2~3年仔细学习各组分地球化学特征、气源岩或气源矿物及形成机制、成因类型、分布规律、资源丰度及经济价值，等等。此类学习为我之后从事天然气地球化学研究提供基础，受益匪浅。近20~30年来，我与学生们在研究天然气组分方面，有许多成果，故拟以天然气单独组分为主，出版由7册组成的研究丛书：卷一：《中国天然气烷烃气碳氢同位素成因研究进展》，卷二：《中国天然气中二氧化碳、氮气和氢气研究进展》，卷三：《中国氦气地球化学与成藏研究进展》，卷四：《中国天然气轻烃组成及应用研究进展》，卷五：《中国无机成因气及气藏研究进展》，卷六：《中国含油气盆地硫化氢的生成与分布研究进展》，卷七：《中国天然气中汞的形成与分布研究进展》。此系列"中国天然气组分地球化学研究进展丛书"的主编和副主编均为我的学生。出版本套丛书一方面为我的学生们提供一个学术平台、环境，展示新成果，促使他们在学术上更上一层楼；另一方面，由于我国天然气工业近20年来蓬勃发展，需要大批人才，为他们提供系列天然气组分研究文献，显然对更稳、更好、更快发展天然气工业有利。

期待本丛书能够成为天然气领域的重要文献，为我国天然气事业的发展贡献力量，愿我们共同努力，开创天然气研究的新局面，为构建美好能源未来而努力奋斗！

2024 年 4 月 12 日于北京

前　言

　　新中国成立以来，油气地质理论与勘探开发取得了突飞猛进的进展和成效。天然气地质学理论支撑和引领了我国天然气工业的发展，使我国迈向世界产气大国之一。汞作为天然气中一种常见组分，不仅具有毒性，而且具有腐蚀性，汞的存在给油气田生产带来潜在的安全隐患，也给作业人员和千家万户的用气居民带来健康隐患。研究天然气中汞的成因及分布规律意义非常大，不仅可以对气田汞的含量及分布进行预测，而且对防治汞的污染、消除汞的隐患起到很好的理论和技术支持。《中国天然气中汞的形成与分布研究进展》为戴金星院士90华诞之际组织出版的"中国天然气组分地球化学研究进展丛书"的卷七，集成了戴金星院士及其弟子们多年来在天然气中汞的富集理论与气田脱汞技术方面的研究成果，部分内容进行了适当修改和优化完善。

　　汞是天然气的一种伴生有害重金属，也是长期以来天然气地质地球化学研究中重点关注对象之一，可以用作天然气成因鉴别的有效指标，一般认为煤成气中汞含量相对较高。汞的成因及富集规律一直存在争议，通过大量的研究发现天然气中高含量的汞主要与高演化煤系烃源岩有关，我国煤成气在全国天然气储量中占比大，达60%~70%，并发现了一批汞含量大于$400\times10^4\mathrm{ng/m}^3$的特高含量的煤成气田，且持续会有新的高含汞气田发现。汞不仅具有毒性而且具有腐蚀性，高含量的汞给气田生产和下游用气带来安全隐患，并有血的教训，因此，搞清我国天然气中汞的成因、分布及富集规律特征，不仅对于认识汞的地球化学特征具有重要学术价值，而且对于控制汞污染，消除汞的危害也具有重要现实意义。随着我国对绿色低碳的高度重视，年轻一代的参与，将会在油气中汞的地球化学特征研究、气田脱汞技术研发及脱汞工程发展方面取得原创性重大突破。

　　本书收录内容起始于戴金星院士2005年的油气中汞的地球化学特征与科学

意义研究，持续至今，整理了戴金星院士及其弟子在汞方面的代表性论文及研究成果。收录内容涉及天然气中汞的检测技术、我国天然气中汞的来源、形成机理、富集主控因素、凝析油中汞的形态、脱汞技术及汞地球化学特征等。

  结构编排总体上是考虑研究内容及发表时间。编辑委员会的人员构成是每篇文章的主要作者，以及参与图文处理、编辑排版和核校的博士后。本书的筹划和出版，得益于戴金星院士的支持和督导！根据戴金星院士关于天然气组分地球化学研究系列的总体部署安排及分工协商，本书开篇导论和编录工作等由李剑负责。各位作者通力合作，提供了优化完善的可编辑文稿及矢量图。同时，博士后徐朱松对部分文稿进行了处理和校对，对早期文章进行了文字和图件的可编辑和矢量化处理及补充制图，并进行了全书的格式调整和编辑排版；王秀萍也对部分图件进行了清绘，在此一并表示衷心感谢！

编　者

2024 年 1 月 2 日

目 录

丛书序

丛书前言

前言

天然气中汞的分布及富集规律 1

中国煤成大气田天然气汞的分布及成因 10

中国气田天然气中汞的成因模式 21

中国主要含油气盆地天然气中汞的来源与分布 30

油气中汞的地球化学特征与科学意义 37

塔里木盆地天然气中汞含量与分布特征 46

天然气中汞含量的变化规律及应用——兼述岩石和土壤中汞的含量 56

沁水盆地南部地区煤层气汞含量特征简析 66

天然气汞含量作为煤型气与油型气判识指标的探讨 70

油气中汞及其化合物样品采集与实验分析方法研究进展 77

天然气凝析油中汞的化学形态分析技术研究进展 85

汞在天然气脱水用醇溶液中溶解度的测定 100

改性活性炭对含汞废气吸附机理及性能研究 105

天然气低温处理过程中汞的分布与防治 111

天然气脱汞机理与技术发展现状 116

天然气中汞的分布及富集规律

李 剑，韩中喜

汞不仅具有毒性，而且具有腐蚀性，汞的存在给油气田生产带来潜在的安全隐患。汞的毒性以有机汞的毒性为最强，1953 年日本著名的水俣湾事件因村民食用了含甲基汞的鱼类导致 180 人中毒，50 多人死亡。研究发现水俣湾鱼类甲基汞的形成与一家化工厂排放含汞的废水有关，因此世界各国都制定了汞的排放标准，我国《污水综合排放标准》（GB 8978—1996）规定总汞的最高允许排放浓度为50µg/L且烷基汞不得检出。《油田含油污泥综合利用污染控制标准规定》（DB23/T 1413—2010）规定井场和通井路的污泥总汞含量不超过 0.8mg/kg。另外，单质汞也具有很强的毒性，当空气中汞含量达到 100µg/m^3 引起慢性中毒，达到 1200µg/m^3 就会引起急性中毒，我国《工作场所有害因素职业接触限值 第 1 部分：化学有害因素》（GBZ 2.1—2009）规定了汞蒸气接触限值为 20µg/m^3（8 小时工作制）和 40µg/m^3（不超过 15min 的短时间接触）。汞的腐蚀性以汞对铝的腐蚀危害最为严重，2004 年阿尔及利亚斯基克达（Skikda）地区的一家天然气液化厂因铝质换热设备发生汞腐蚀而爆炸，酿成 27 人死亡 72 人受伤的惨剧，2006 年海南福山油田 LNG 厂主冷箱至气液分离器的铝合金直管段因汞腐蚀漏气而不得不停产更换，中石化雅克拉集气处理站主冷箱也先后于 2008 年 8 月和 2009 年 1 月发生数次天然气泄漏，累计造成天然气处理装置停产 50 多天。因此，研究天然气中汞的成因及分布规律意义非常大，不仅可以对气田汞的含量及分布进行预测，而且对防治汞的污染、消除汞的安全隐患起到很好的理论和技术支持。

1 汞的检测技术

为了更好地开展气田中汞的防治工作，通过多年的技术攻关，我们逐步建立了天然气、凝析油、气田水、污泥、乙二醇、三甘醇和脱碳胺液等工作液中总汞和形态汞的检测技术系列。

在进行天然气中汞的检测时，发现天然气中汞的形态几乎全部为单质汞，因此可以直接通入测汞仪检测，但由于天然气中含有的微量芳香族化合物，它们与汞一样，都会对波长为 253.7nm 的紫外光产生吸收作用，因此直接将天然气通入测汞仪检测会导致检测结果偏高。国际上，为克服芳香烃的干扰，所采取的方法有两类，一是金汞齐法，即先将天然气中的汞捕集到金丝上，然后将金丝加热至 800℃，在高温作用下，金丝上捕集的汞会释放，在清洁气流的吹扫下通入测汞仪检测；二是氧化还原法，即先将天然气单质汞氧化成二价的离子汞，然后用还原剂将二价的离子汞还原成单质汞，在清洁气流的吹扫下通入测汞仪检测。这两种检测方法要么用到高温加热，要么用到大量氧化剂和还原剂溶液，操作步骤烦琐，影响因素多，数据稳定性很差。由于汞具有很强的吸附性和穿透性，若采样后不进行及时检测，很容易造成汞的散失，导致检测结果偏低。另外，天然气中液态物质的存在会对金丝的活性造成不利影响。为了解决上述难题，我们提出了天然气中汞的差减法直接测定技术，即首先将天然气样品通入测汞仪测得带有干扰物影响的检测值，然后用汞过滤器将天然气中的汞过滤后再通入测汞仪，测得仅有干扰物影响的检测值，两者相减即为天然气的汞含量。在样品采集时，为了降低采样管路对汞的吸附作用，设计了快速采样方法，减少了气体与采样管路的接触时间，确保了样品具有代表性。该方法检测结果准确性好，操作简便，易于掌握，现已在石油天然气行业得到广泛应用，并形成了两项发明专利：一种用于天然气汞含量检测的天然气样品采集方法（专利号：ZL201310067367.0）和另一种用于天然气汞含量的直接测定方法（专利号：ZL201210073114.X），以及一项行业标准：《井口天然气中汞含量的测定　差减法》（SY/T 7321—2016）。

凝析油、气田水、污泥和工作液中汞的检测分为总汞含量检测和形态汞含量检测两类。总汞含量检测采用王水消解法，该法首先用王水对样品进行消解，然后用电感耦合等离子体质谱仪（inductively coupled plasma mass spectrometry，ICP-MS）测定。单质汞含量检测采用吹扫法，该法首先用惰性气体对样品吹扫，并将吹扫出来的气体用捕汞管富集，然后通过原子吸收光谱仪测定捕汞管上的汞。凝析油中的离子汞和有机非离子汞含量检测采用萃取法测定，萃取液为半胱氨酸溶液，离子汞进入萃取液中，有机非离子汞则残留在凝析油中，通过分别检测萃取液和萃取后凝析油中的总汞而得到凝析油中的离子汞和有机非离子汞含量。气田水中烷基汞含量的测定采用烷基化测定技术，即先将气田水中的单烷基汞通过烷基化试剂转化为二烷基汞，然后用惰性气体吹扫至色谱分离，然后用原子荧光光谱仪测定。悬浮物及污泥中氯化汞、单质汞、氧化汞和硫化汞含量的测定采用连续萃取法测定技术，先用无水乙醇作溶剂提取氯化汞，再用盐酸提取氧化汞，再用硝酸提取单质汞，最后用王水提取硫化汞，提取液采用电感耦合等离子体质谱仪进行汞含量检测。

以上检测技术为气田脱汞工艺的建立提供了丰富的数据，为脱汞工程的顺利实施发挥了重要作用。

2　天然气中汞的分布规律

高含汞天然气主要分布在前陆盆地、裂谷盆地，克拉通盆地汞含量相对较低；煤型气汞含量最高，油型气次之，生物气、煤层气很低。

世界上不同地区的天然气汞含量差异较大，高含汞天然气主要出现在欧洲、北非、东南亚和南美等地区。欧洲地区天然气汞含量相对较高，在德国北部，天然气汞含量高达 1500～4350μg/m^3。荷兰格罗宁根（Groningen）气田是著名的高含汞气田，其天然气汞含量平均为 180μg/m^3，年回收液态汞 6500kg。1983 年在克罗地亚波德拉维纳（Podravina）地区生产的天然气也被发现具有较高的汞含量，天然气汞含量在 200～2500μg/m^3。北非地区天然气汞含量也比较高，埃及 Khalda 石油公司的 Salam 天然气处理厂入口天然气汞含量介于 75～175μg/m^3，阿尔及利亚地区天然气汞含量在 50～80μg/m^3。非洲中部尼日利亚尼日尔三角洲地区天然气汞含量在 10μg/m^3 左右。东亚和东南亚地区天然气汞含量比较高。泰国湾盆地天然气也具有较高的天然气汞含量，根据 Wilhelm 和 Mcarthur（1995）的统计，泰国湾地区天然气汞含量在 100～400μg/m^3 以上；印度尼西亚阿隆（Arun）凝析气田天然气汞含量为 180～300μg/m^3；Sainal 等（2007）报道了马来西亚地区的天然气汞含量也比较高，在 1~200μg/m³。南美地区的天然气也具有一定的汞含量，天然气汞含量介于 50~120μg/m³。中东和北美地区天然气汞含量较低，伊朗天然气汞含量在 1~9μg/m³；美国东部管道天然气汞含量在 0.019~0.44μg/m³，西部管道天然气汞含量在 0.001~0.10μg/m³，美国墨西哥湾地区的天然气汞含量在 0.02~0.4μg/m³。

中国天然气中汞的分布也明显具有地域性。高含汞天然气主要分布在前陆盆地、裂谷盆地，克拉通盆地汞含量相对较低。松辽、塔里木盆地天然气中汞含量最高，其次是渤海湾盆地、鄂尔多斯盆地、准噶尔盆地和柴达木盆地，四川盆地、吐哈盆地则相对较低。李剑等（2012）对中国陆上八大含气盆地、500 多口气井开展了天然气汞含量检测与分析，发现中国天然气汞含量最高为 2240μg/m³，最低小于 0.01μg/m³。表 1 为我国陆上主要含气盆地天然气中汞含量分布及高含汞大气田表，松辽盆地和塔里木盆地是中国高含汞天然气的主要分布区，很多气井天然气汞含量超过了 500μg/m³。渤海湾盆地、鄂尔多斯盆地、准噶尔盆地和柴达木盆地天然气也具有一定的汞含量，很多气井天然气汞含量超过了 50μg/m³。四川盆地和吐哈盆地则相对较低，天然气汞含量在 0~42.1μg/m³。天然气平均汞含量大于 28μg/m³ 的气田为高含汞天然气田，通过对已发现的大气田进行评价分析，发现存在 10 个高含汞大气田，分别为克拉 2、大北、克深、博孜、迪那、牙哈、徐深、长深、克拉美丽、东坪，为天然气田脱汞指明了靶区，通过天然气脱汞工程的实施，使这些高含汞气田的天然气实现了达标外输。

表 1 我国陆上主要含气盆地天然气中汞含量分布及高含汞大气田［在李剑等（2019）基础上修改］

盆地名称	天然气汞含量/(μg/m³) 最低值	天然气汞含量/(μg/m³) 最高值	高含汞气田
塔里木盆地	<0.01	1500	克拉 2
			克深
			大北
			博孜
			迪那
			牙哈
松辽盆地	<0.01	2240	徐深
			长深
柴达木盆地	<0.01	698	东坪
准噶尔盆地	1.70	570	克拉美丽
渤海湾盆地	0.20	230	
鄂尔多斯盆地	0.05	210	
四川盆地	<0.01	230	
吐哈盆地	0.05	0.28	

中国天然气汞含量的差异不仅体现在不同含气盆地之间，就是同一盆地不同构造部位也有很大不同。李剑等（2012）对四川盆地 106 口气井的汞含量分析数据表明虽然该天然

气汞含量整体不高,但不同地区的差异非常明显。川西中-低缓断褶构造区及川中平缓构造区构成了该盆地前陆区主体,这一地区天然气汞含量远高于川南和川东地区,天然气汞含量介于 5~50μg/m³,川南和川东地区天然气汞含量一般不超过 5μg/m³。四川盆地天然气汞含量在不同类型沉积地层中的分布不同,在陆相地层中,天然气汞含量总体要高于海相地层。多口气井的天然气汞含量数据表明,在陆相地层中天然气汞含量介于 5~50μg/m³ 的气井占 51%,0.5~5μg/m³ 的气井占 22%,0~0.5μg/m³ 的气井占 27%;在海相沉积地层中,没有天然气汞含量超过 5μg/m³ 的气井,0.5~5μg/m³ 的气井占 26%,0~0.5μg/m³ 的气井占 74%。韩中喜等(2013)对辽河坳陷天然气中汞的分布进行研究。研究发现辽河坳陷天然气汞含量总体偏低,12 口井的算术平均值为 3.08μg/m³,大部分属于低含汞天然气,但辽河坳陷不同天然气井汞含量的差异很大。总体上,西部凹陷的欢喜岭地区明显偏高,尤其是齐 2-2-012 井高达 31.1μg/m³。高升、兴隆台和热河台地区汞含量相对很低,与大气汞含量相当。

  天然气按照成因类型可以分为两大类,即无机气和有机气,其中有机气按成熟度可分为生物气、热解气和裂解气,按生气母质类型又可分为油型气和煤型气。无机气以松辽盆地南部万金塔气藏为例,生物气以柴达木盆地涩北气田为例,煤型气和油型气涵盖了中国陆上大部分含气盆地。无机成因汞含量很低,被检测的多口气井汞含量均小于 0.01μg/m³。在有机气当中,生物气汞含量最低,通常小于 0.05μg/m³。在热演化程度较高的煤型气和油型气当中,煤型气汞含量介于 0.018~2240μg/m³,油型气汞含量介于小于 0.01μg/m³ 和 28μg/m³ 之间。韩中喜等(2013)通过对中国八大含气盆地中的 500 多口气井的汞含量分析发现,只有 5%左右的油型气汞含量介于 10~30μg/m³,15%左右介于 5~10μg/m³,85%的油型气汞含量均小于 5μg/m³;煤型气汞含量大于 30μg/m³ 和小于 5μg/m³ 的各占 30%左右,介于 10~30μg/m³ 和 5~10μg/m³ 之间的各占 20%左右。煤型气汞含量算术平均值约 30μg/m³,油型气汞含量算术平均值则只有 3μg/m³,煤型气汞含量总体要高出油型气一个数量级。戴金星(1984)对国内外 12 个盆地(四川、渤海湾、鄂尔多斯、江汉、南襄、苏北、琼东南、松辽、中欧、北高加索、卡拉库姆及德涅波-顿涅茨)的煤型气和油型气汞含量进行统计分析,发现煤型气汞含量介于 0.01~3000μg/m³,算术平均值为 79.6μg/m³,油型气汞含量介于 0.004~142μg/m³,算术平均值为 6.88μg/m³,煤型气汞含量算术平均值是油型气的 11.5 倍。煤型气汞含量较高与成气母质腐殖质对汞具有很强的吸聚能力有关。腐殖质胶体吸附量平均为 3~4g/kg,在相同的地质环境中比其他一切胶体的吸附量都高。在土壤和沉积物中腐殖质含量的多少决定着含汞量的高低。例如,腐殖泥含汞量高达 1000μg/kg 以上,而一般淡水沉积物含汞量仅为 73μg/kg,腐殖泥较多的森林土壤含汞量为 100~290μg/kg,而一般土壤含汞量则为 10~50μg/kg,煤的含汞量平均不低于 1000μg/kg,而一般泥岩和页岩含汞量只有 150~400μg/kg,煤型气的母质腐殖质有机质含汞量明显高于其他沉积物载体。煤型气汞含量分布范围大,但这并不意味着所有的煤型气均具有较高的汞含量,煤型气汞含量介于 0.018~2240μg/m³,油型气汞含量介于 0~28μg/m³,这说明天然气汞含量并不完全取决于气源岩类型。

3　天然气中汞的成因

  很多学者就天然气中汞的成因做过大量探索,但由于缺乏综合性研究,观点尚存在分歧。Bailey 等（1961）认为位于加利福尼亚州 San Joaquin Valley 原油中的汞为热液成因，其根据是在 San Joaquin Valley 地区热液汞矿与含汞原油存在着某种联系。戴金星（1984）在总结了国内外研究成果基础上，认为天然气中汞的成因主要有两种假说：一是煤系成因说，二是岩浆成因说。煤系成因说认为天然气中的汞主要来自于煤层，汞在煤生烃过程中被释放出来；岩浆成因说认为天然气中的汞主要来源自岩浆，汞随岩浆的脱气作用一起运移并进入气藏。Zettlitzer 等（1997）认为位于德国北部地区 Rotliegand 砂岩储集层天然气中的汞来源于其下方的火山岩。Frankiewicz 等（1998）认为泰国湾天然气中的汞与靠近产层的煤和碳质页岩有关。韩中喜等（2013）认为辽河坳陷天然气中的汞主要与气源岩的热演化程度有关。刘全有（2013）认为塔里木盆地天然气中汞含量主要与天然气成因类型、沉积环境、构造活动和火山活动有关。涂修元认为天然气中的汞含量与油气的成熟度有密切关系。李剑等（2012，2019）在天然气汞含量检测数据和实验室模拟数据的基础上对天然气中汞的成因做了进一步分析，其基本观点为天然气中的汞主要来自于气源岩，随着埋藏深度的增加，地层温度不断升高，在热力的作用下气源岩中的汞随生成的烃类气体一起进入气藏，天然气汞含量与天然气成因类型、产层深度和储层条件等因素有关。

统计表明，中国天然气汞含量总体随产层深度的增加而变大。吉拉克凝析气田位于新疆维吾尔自治区巴音郭楞蒙古自治州轮台县城以南 50 km 处的塔里木河北岸。该气田发育了三叠系、石炭系上下两套含油气层系，5 个凝析气藏，其中三叠系 4 个、石炭系 1 个。三叠系 4 个凝析气藏分别位于 TI$_1$、TI$_2$、TII、TIII 油层组，天然气类型为油型气，通过对 TII 油层组的检测发现，在检测的 5 口气井当中，天然气汞含量最高为 2.208μg/m^3，最低只有 0.547μg/m^3。天然气汞含量与产层深度具有很好的正相关关系，汞含量随着产层深度的增加而逐渐增大，线性拟合相关系数可达 0.9882。双坨子气田位于松辽盆地南部，是吉林油田开发史上第一个整装具有 100×10^{8}m^3 储量规模的纯气藏气田，产气层位从登娄库组（K$_1$d）至姚家组（K$_1$y）均有分布。该气田位于松辽盆地中央坳陷区华字井阶地南部，整体表现为一被近南北向断层垂直切过的鼻状构造，深层介于长岭、伏龙泉断陷之间，浅层西为长岭凹陷，东为东南隆起区的登娄库背斜带，处于油气运聚的有利区带，天然气地质条件优越。根据气田生产实际情况和研究的需要，选取了该气田 7 口气井进行天然气汞含量检测，其中，中、浅层气井 2 口，深层气井 5 口。检测结果显示双坨子气田不同气井天然气汞含量差异大，最低只有 0.011μg/m^3，最高为 29.2μg/m^3，算术平均值为 17.6μg/m^3。吉林油田双坨子气田天然气汞含量同样也是随产层深度增加而不断增大。两口中、浅层气井天然气汞含量平均仅为 0.033μg/m^3，深层气井天然气汞含量平均为 24.6μg/m^3，中、浅层天然气汞含量远低于深层天然气。

为了探讨天然气中汞与幔源的关系，我们通过对松辽盆地的高含二氧化碳气井天然气汞含量分析，发现天然气汞含量不仅没有随二氧化碳含量的增加而增加，反而是随二氧化碳含量的增加而逐渐下降，这可能说明松辽盆地深层天然气中的汞主要来自于气源岩，但也不能排除幔源或火山活动对汞的贡献。

作为生气母质的煤具备形成高含汞气田的条件。煤在热演化过程中不仅会释放出大量的烃类气体，还会释放气态汞，因此，可以根据煤的产气率和汞含量计算其所形成的天然气汞含量。戚厚发、戴金星等对中国不同地区的煤岩进行人工热模拟实验，得到了不同煤阶下煤的产气率，煤岩产气率随演化程度的增加而变大，到无烟煤阶段产气率可达 206～

458m³/t。Kevin 和王起超等曾对美国和中国不同产煤区中的煤岩汞含量进行过统计，这些地区煤岩汞含量均在 0.003～2.9μg/g，若按照这两组数据，可得出煤岩以其自身的汞含量就可以形成 6.55～14077.67μg/m³ 的天然气汞含量。在中国及世界范围内均未发现天然气汞含量超过此上限值。由此推断，煤系烃源岩具备形成高含汞气田的物质基础。

汞要想从气源岩中释放出来，地层必须要具备一定的热力条件，通过实验发现，只有地层温度达到 110℃后，气源岩中的汞才开始被大量释放出来，在地层温度较低时，气源岩不仅不能将汞释放出去，反而对汞有较强的吸附能力，这一观点可以在所研究的 500 多口气井的统计数据中得到验证。天然气汞含量总体随产层深度的增加而增大，当产层深度低于 1800m 时，天然气汞含量很低，一般不超过 2μg/m³。根据我国目前的地温场，地温梯度在 1.9～3.5℃/100m，在 1800m 埋藏深度下，地层温度大体在 48～88℃，在此温度下，天然气中的汞更倾向于吸附在富含有机质的地层当中，当汞在天然气和岩层之间的分配达到相对平衡状态时，进入到天然气中的汞将减少。

汞是亲硫元素，自然界中的朱砂矿就是汞与硫反应形成。在碳酸盐岩储集层中，石膏等硫酸盐矿物在还原菌和热化学还原作用（thermochemical sulfate reduction，TSR）下，氧化性的硫变成还原性的硫，如硫化氢、单质硫以及噻吩、硫醇、硫醚等含硫化合物。当气体中的汞遇到还原性的硫时很容易被捕获形成硫化汞，硫化环境越强天然气汞含量越低。四川盆地含硫化氢的天然气汞含量均未超过 5μg/m³。渤海湾盆地王官屯构造王古 1 井尽管产层深度高达 4515～4580m，但硫化氢含量高达 8.6%，因此天然气汞含量小于 0.01μg/m³。

4　天然气中汞的富集主控因素与富集途径

根据以上讨论可以发现，高含汞天然气的形成必须同时具备以下 3 个条件：①富含汞的气源岩，如煤或偏腐殖型气源岩；②充足的热力，气源岩温度高，汞容易从气源岩中释放出来；③必要的保存条件，储层硫化环境要弱，以防止汞与硫黄或硫化物发生反应。

根据汞在自然界中的循环过程和天然气的形成过程，可将天然气中汞的形成可划分为 5 个演化阶段，即搬运、沉积、埋藏、释放和保存阶段。火山喷发物以及各种岩石风化的产物是沉积地层中汞的原始来源，它们以各种形态被气流、水流等搬运进入湖泊或海洋中并沉积下来。在搬运和沉积过程中，由于有机质胶体对汞具有较强的吸附能力，汞在有机物中富集并埋藏下来。随着埋藏深度的增加和地层温度的不断升高，汞在热力的作用下随生成的天然气一起从气源岩中释放并在合适的圈闭中聚集得以保存。

5　天然气集输处理过程中汞的分布规律

汞在天然气及其分离物中的存在形态包括单质汞（Hg⁰）、无机汞和有机汞三类，无机汞主要包括硫化汞（HgS）、氯化汞（HgCl₂）、氧化汞（HgO）和硫酸汞（HgSO₄）等，有机汞主要包括甲基汞（CH₃Hg⁺）、乙基汞（C₂H₅Hg⁺）、苯基汞（C₆H₅Hg⁺）、二甲基汞（CH₃HgCH₃）、二乙基汞（C₂H₅HgC₂H₅）和甲基乙基汞（CH₃HgC₂H₅）等（表2）。根据赋存介质的不同，汞及其化合物可分为气溶态、液溶态、析出态、吸附态四种赋存形式。在天然气中，汞的主要形态为单质汞，并可能含有微量的有机汞化合物，它们以气溶态的形式分散于天然气中；在凝析油中，汞的主要形态为单质汞和有机汞，它们以油溶态的形式分散于凝析油中，少量无机汞化合物可能以吸附态的形式赋存于悬浮物中；在气田水中，汞的主要形态为氯化汞，并含有微量的单质汞，少量的无机汞化合物可能以吸附态的形式赋存于悬浮物中；在污泥中，汞的存在形态比较复杂，单质汞、无机汞和有机汞均有存在；当天然气汞含量超出了汞的饱和析出浓度时，单质汞就会析出，并随气田水、凝析油、污泥和乙二醇等排出。

表 2　气田不同介质中汞的分布特征表

形态汞名称	气田不同介质中汞含量范围/%			
气田介质	天然气	凝析油	气田水	气田污泥
Hg^0	D	S（D）	S	D（S）
$HgCl_2$	N	S	S（D）	S
HgS	N	S	S	S
HgO	N	N	S?	S
$(CH_3)_2Hg$	T	S	T	T
CH_3HgCl	T	S	T	T

注：D 表示主要形式，多于总量的 50%；S 表示总量的 1%～50%；T 表示少于总量的 1%；N 表示几乎不可测；?表示可能超范围。

5.1　管道对汞具有吸附作用，天然气汞含量随输送距离的增加而不断下降

对西气东输管线天然气中汞含量的进行检测发现（图 1），随着输送距离的增加，管线中天然气的汞含量在不断下降，由西气东输轮南站的 10600ng/m³ 减少到郑州站的 75ng/m³，再到南京站的 50ng/m³，而上海站的不足 10ng/m³。表现出管道对汞具有比较强的吸附作用。

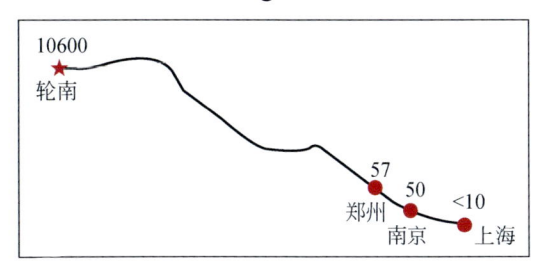

图 1　西气东输管线天然气中汞含量的变化趋势图（单位：ng/m³）

5.2　天然气在处理过程中，不同的工艺对汞的吸附脱除作用不同

低温分离工艺对汞具有强烈的脱除作用，如某处理厂原料气中汞含量为 170000ng/m³，经过低温分离工艺后天然气中的汞含量为 45000ng/m³，脱除率达 70%以上。在低温分离工艺中汞分布特征：约 80%在低温分离器析出，约 10%存在于天然气中，约 10%通过乙二醇富液闪蒸或再生出去，少量进入下游污水、污泥中。

脱碳工艺对汞的脱除作用也比较大，可以使 60%以上的汞流向氨液介质，而三甘醇脱水工艺对汞的脱除作用不大。

综上所述，只有明确了天然气在集输处理过程中的分布规律，才可以有效地指导不同工艺条件下的脱汞方案的制定（包括天然气、气田水、凝析油、污泥中的汞的脱除）。

参 考 文 献

戴金星. 1984. 煤成气的成分及其成因. 天津地质学会志, 2(1):11-18.

韩中喜, 严启团, 李剑, 等. 2010a. 沁水盆地南部地区煤层气汞含量特征简析. 天然气地球科学, 21(6): 1054-1056.

韩中喜, 严启团, 王淑英, 等. 2010b. 辽河坳陷天然气汞含量特征简析. 矿物学报, 30(4): 508-511.

韩中喜, 李剑, 严启团, 等. 2013. 天然气汞含量作为煤型气与油型气判识指标的探讨. 石油学报, 34(2): 323-327.

韩中喜, 严启团, 王淑英, 等. 2016. 天然气中汞的直接测定方法. 科学技术与工程, 16(7): 42-46.

韩中喜, 班兴安, 苗新康, 等. 2021a. 天然气低温处理过程中汞的分布与防治. 石油与天然气化工, 50(3): 35-39.

韩中喜, 垢艳侠, 李谨, 等. 2021b. 四川盆地天然气汞含量分布特征及成因分析. 天然气地球科学, 32(3): 356-362.

韩中喜, 张凤奇, 康晓熙, 等. 2023. 天然气中痕量汞的检测方法研究. 天然气与石油, 41(2): 39-45.

蒋洪, 刘支强, 朱聪. 2011. 天然气中汞的腐蚀机理及防护措施. 天然气化工, 36(1): 70-74.

李剑, 严启团, 汤达祯. 2011. 天然气中汞的成因机制与分布预测. 北京: 地质出版社.

李剑, 韩中喜, 严启团, 等. 2012. 中国气田天然气中汞的成因模式. 天然气地球科学, 23(3): 413-419.

李剑, 韩中喜, 严启团, 等. 2019. 中国煤成大气田天然气汞的分布及成因. 石油勘探与开发, 46(3): 443-449.

李剑, 韩中喜, 严启团, 等. 2020. 天然气凝析油中汞的化学形态分析技术研究进展. 燃料化学学报, (12): 1421-1432.

李剑, 韩中喜, 刘恩国, 等. 2021a. 天然气脱汞机理与技术发展现状. 天然气化工——C1 化学与化工, 46(1): 11-15.

李剑, 严启团, 李新, 等. 2021b. 改性活性炭对含汞废气吸附机理及性能研究. 当代化工, 50(9): 2079-2082.

刘全有. 2013. 塔里木盆地天然气中汞含量与分布特征. 中国科学: 地球科学, (5): 789-797.

刘全有, 彭威龙, 李剑, 等. 2020. 中国主要含油气盆地天然气中汞的来源与分布. 中国科学:地球科学, 50(5): 645-650.

汤林, 李剑, 班兴安, 等. 2021. 天然气脱汞技术. 北京: 科学出版社.

王起超, 沈文国, 麻壮伟. 1999. 中国燃煤汞排放量估算. 中国环境科学, (4)：318-321.

王淑英, 唐楚寒, 李剑, 等. 2020. 油气田含汞污泥处理技术现状与展望. 石化技术, 27(9): 67-68.

严启团, 唐楚寒, 李剑, 等. 2020. 含汞污泥减量化及其中汞形态和稳定性研究. 当代化工研究, (17): 44-46.

Bailey E H, Snavely P D, White D E. 1961. Chemical analysis of brines and crude oil, Cymric field, Kern County, California. Virginia: United States Geological Survey: 306-309.

Burke M. 2013. Mercury removed from natural gas. Chemistry & Industry, 77(12): 1-8.

Coade R, Coldham D. 2006. The interaction of mercury and aluminium in heat exchangers in a natural gas plants. International Journal of Pressure Vessels & Piping, 83(5): 336-342.

Dumarey R, Brown R J C, Corns W T, et al. 2010. Elemental mercury vapour in air: the origins and validation of the "Dumarey equation" describing the mass concentration at saturation. Accreditation and Quality Assurance, 15(7): 409-414.

Frankiewicz T C, Curiale J A, Tussaneyakul S. 1998. The geochemistry and environmental control of mercury and arsenic in gas, condensate, and water produced in the Gulf of Thailand. AAPG Bulletin, 82(2): 3.

Kevin C, et al. 2000. Mercury transformation in coal combustion flue gas. Fuel Processing Technology, (65): 289-310.

Mcnamara J D, Wagner N J. 1996. Process effects on activated carbon performance and analytical methods used for low level mercury removal in natural gas applications. Gas Separation and Purification, 10(2): 137-140.

Ryzhov V V, Mashyanov N R, Ozerova N A, et al. 2003. Regular variations of the mercury concentration in natural gas. Science of the Total Environment, 304(1-3): 145-152.

Sainal M R, Shafawi A, Mohamed A J H .2007. Mercury removal system for upstream application: experience in treating mercury from raw condensate. Society of Petroleum Engineers, DOI: 10. 2118/106610-MS.

Shafawi A, Ebdon L, Foulkes M, et al. 1999. Determination of total mercury in hydrocarbons and natural gas condensate by atomic fluorescence spectrometry. Analyst, 124(2): 185-189.

Wilhelm M, Mcarthur A. 1995. Removal and treatment of mercury contamination at gas processing facilitiess. Environmental Science, Engineering, Chemistry, DOI:10.2523/29721-MS.

Wilhelm S M, Bloom N. 2000. Mercury in petroleum. Fuel Processing Technology, 63(1): 1-27.

Zettlitzer M. 1997. Determination of elemental, inorganic and organic mercury in north german gas condensates and formation brines. SPE 37260: 509-513.

中国煤成大气田天然气汞的分布及成因

李　剑，韩中喜，严启团，王淑英，葛守国

0　引言

汞是天然气中一种常见的有害重金属元素，不仅具有毒性而且具有腐蚀性，而且它的存在给气田生产带来潜在的安全隐患[1-2]。在各种天然气成因类型中，煤型气往往具有较高的天然气汞含量，煤型气汞含量通常高出油型气汞含量一个数量级[3]，世界上著名的高含汞气田均为煤型气田[4-18]（表1），如荷兰格罗宁根气田产层为二叠系赤底统砂岩，气源岩为上石炭统煤层，年产气 $400×10^8m^3$，天然气汞含量平均为 $180μg/m^3$[4]，年回收液态汞6500kg[5]；印度尼西亚阿隆凝析气田产层为中新统中、下部的碳酸盐岩，天然气主要来自于Baong页岩，有机质以易于生气的腐殖型干酪根为主[6]，天然气汞含量为 $180～300μg/m^3$[7-8]；克罗地亚波德拉维纳地区天然气汞含量为 $200～2500μg/m^3$，气源岩主要形成于两个时期，较老的形成于中新世早期，包含粉砂岩和泥岩，干酪根类型为Ⅲ型；较新的由形成于中新世中期的 Badenian 沉积物和形成于中新世晚期的 Pannonian 含化石的钙质泥灰岩组成，分析表明其显微组成主要为镜质组和木质碎屑[9-10]；泰国湾地区天然气汞含量为 $100～400μg/m^3$[11-12]，地层岩性主要为砂岩和泥岩，煤层厚度为 $1.5～3.3m$[13]；埃及卡斯尔凝析气田天然气汞含量为 $75～175μg/m^3$[14]，产层为下侏罗统 Ras Qattara 组和中侏罗统 Khatatba 组，均为碎屑岩储集层，气源岩为侏罗系 Ras Qattara 组和 Khatatba 组，主要由夹有煤线的页岩和砂岩组成，有机质类型为Ⅲ型和Ⅱ-Ⅲ型[15-16]。

表1　世界著名高含汞气田天然气汞含量统计表

国家	气田/位置	天然气汞含量/($μg/m^3$)
德国	德国北部地区	1500～4350
荷兰	格罗宁根气田	180
印度尼西亚	阿隆凝析气田	180～300
克罗地亚	波德拉维纳地区	200～2500
泰国	泰国湾地区	100～400
埃及	卡斯尔凝析气田	75～175

近年来，随着中国天然气需求的不断增加，天然气勘探和开发取得了长足的发展。在各类天然气中，煤型气占据了绝对主导地位，汞的危害也日益显现。2006年中国海南福山油田一家天然气液化厂因主冷箱至气液分离器的铝合金直管段漏气而不得不停产更换，在

---

* 原载于《石油勘探与开发》，2019年，第46卷，第3期，443～449。

更换过程中发现有液态汞存在[2]。中国石化雅克拉集气处理站主冷箱也先后于 2008 年 8 月和 2009 年 1 月发生数次刺漏，累计造成天然气处理装置停产 50 天，西气东输压缩机停输 2 个月[19]。因此认清中国煤成大气田中汞的分布规律及成因不仅具有重要的地球化学意义，在安全与环保要求日益严格的今天更具现实意义。

在天然气中汞的成因问题上，很多学者做过大量探索，但由于缺乏综合性研究，观点尚存在分歧。Bailey 等[20]认为美国加利福尼亚州 San Joaquin Valley 原油中的汞为热液成因，其根据是在 San Joaquin Valley 地区热液汞矿与含汞原油存在着某种亲密联系。涂修元[21]认为天然气中的汞含量与油气成熟度有密切关系。Zettlitzer 等[17]认为德国北部地区 Rotliegand 砂岩储集层中天然气中的汞来源于其下方的火山岩。Frankiewicz 等[22]认为泰国湾地区天然气中的汞与靠近产层的煤和碳质页岩有关。陈践发等[23]认为辽河坳陷天然气中的汞来自于地球深部，与气源岩类型关系不大。戴金星等[24]对国内外 12 个盆地的煤型气和油型气的汞含量进行了统计，煤型气汞含量为 0.01～3000.00μg/m³，算术平均值为 79.605μg/m³；油型气汞含量为 0.004～142.000μg/m³，算术平均值为 6.875μg/m³，煤型气汞含量的算术平均值是油型气的 11.6 倍，因此天然气汞含量与天然气成因类型有关。垢艳侠等[25]认为天然气中的汞主要来自于幔源岩浆的脱气作用。刘全有[26]对塔里木盆地各构造单元的汞含量进行了检测和分析，认为塔里木盆地天然气中汞含量主要与天然气成因类型、沉积环境、构造活动和火山活动有关。

1 中国煤型气田中汞的分布特征

为厘清中国煤型气田中汞的分布特征及成因，对中国陆上八大含气盆地 500 多口天然气井的汞含量进行测定，结果显示，汞含量最高值为 2240μg/m³，最低小于 0.01μg/m³，松辽盆地和塔里木盆地天然气汞含量相对较高，渤海湾盆地、鄂尔多斯盆地和准噶尔盆地次之，四川盆地、柴达木盆地和吐哈盆地则相对较低（表 2）。表明中国天然气中汞的分布很不均匀，不同盆地之间甚至同一盆地不同气田之间的天然气汞含量存在很大差异。

表 2 中国八大含气盆地天然气汞含量测定结果统计表

盆地	天然气汞含量/(μg/m³)	
	最低值	最高值
松辽	<0.01	2240.00
塔里木	<0.01	1500.00
渤海湾	0.20	230.00
鄂尔多斯	0.05	210.00
准噶尔	1.70	110.00
四川	<0.01	42.00
柴达木	<0.01	1.42
吐哈	0.05	0.28

为便于表述，本文结合韩中喜等[27-28]关于天然气汞含量作为煤型气与油型气判识指标的探讨，根据天然气汞含量将气田划分为 H 型（天然气汞含量大于 30g/m³）、M 型（天然

气汞含量为 10~30μg/m³)和 L 型(天然气汞含量小于 10μg/m³)。中国八大含气盆地部分气田汞含量类型及相关参数统计显示(表3),中国煤型气田汞的分布具有 3 个特征:①煤型气田汞含量总体远高于油型气田,所有 H 型气田均为煤型气田,如松辽盆地的徐深、长深和德惠等气田,塔里木盆地的克拉 2、迪那 2 和牙哈等气田,渤海湾盆地的南堡、苏桥和板桥等气田,鄂尔多斯盆地的苏里格气田,准噶尔盆地的莫索湾气田,以及四川盆地的邛西气田;②不同煤型气田间汞含量的分布很不均匀,尽管煤型气田汞含量总体高于油型气田,但有相当部分煤型气田汞含量很低,属于 M 型或 L 型,如松辽盆地的双坨子气田为 M 型气田、小合隆气田为 L 型气田,塔里木盆地的柯克亚和英买力气田为 M 型气田、阿克气田为 L 型气田,渤海湾盆地的王官屯和荣兴屯气田为 L 型气田,鄂尔多斯盆地的榆林气田为 M 型气田,神木、子洲、东胜和大牛地气田为 L 型气田,准噶尔盆地的呼图壁和玛河气田为 L 型,四川盆地的老关庙、柘坝场和八角场气田为 M 型气田,合川和龙岗气田为 L 型气田,吐哈盆地的温西、米登和红台气田为 L 型气田,柴达木盆地的马北和平台气田为 L 型气田;③总体上煤型气田汞含量随产层深度的增加而变大,所有 H 型气田的产层深度均大于 2316m,所有 M 型气田的产层深度均大于 1950m,值得注意的是个别储集层类型为碳酸盐岩的煤型气田尽管产层深度较大,但汞含量很低,如渤海湾盆地王官屯构造上的王古 1 井,尽管产层深度为 4515~4580m,但天然气汞含量小于 0.01μg/m³。

表3 中国八大含气盆地部分气田汞含量类型及相关参数统计表

盆地	气田	产层深度/m	层位	岩性	气田类型	$\delta^{13}C_2$/‰	天然气类型
松辽	徐深	3268~3705	K_1yc、K_1d	砂岩、火山岩	H	-34.0~-31.1	煤型气
	长深	3498~3809	K_1yc、K_1d	砂岩、火山岩	H	-28.8~-26.3	煤型气
	德惠	2316~2328	K_1sh	火山岩	H	-34.8~-26.3	煤型气
	双坨子	1950~2073	K_1q	砂岩	M	-29.1~-24.3	煤型气
	小合隆	613~1978	K_1q	砂岩	L	-28.9~-24.8	煤型气
	喇嘛甸	600~660	K_2n	砂岩	L	-39.8~-36.6	油型气
	红岗	540~1229	K_2n、K_2m	砂岩	L	-37.4~-33.3	低熟油型气
	万金塔	1815~1313	K_1q	砂岩	L		二氧化碳气
塔里木	克拉2	3499~4021	K、E	砂岩	H	-19.4~-17.8	煤型气
	迪那2	4597~5686	E	砂岩	H	-23.3~-20.9	煤型气
	牙哈	4947~5790	E	砂岩	H	-23.9~-22.6	煤型气
	柯克亚	2983~3949	E	砂岩	M	-26.6~-25.7	煤型气
	英买力	4452~5389	K、E	砂岩	M	-20.7~-24.0	煤型气
	阿克	3250~3345	K	砂岩	L	-21.9~-20.2	煤型气
	和田河	1931~2272	O、C	砂岩、碳酸盐岩	L	-34.6~-30.9	油型气[28]
	塔中	3489~4973	O、C	砂岩、碳酸盐岩	L	-37.8~-35.1	油型气
	吉南4	4379~4773	T	砂岩	L	-34.2	油型气

续表

盆地	气田	产层深度/m	层位	岩性	气田类型	$\delta^{13}C_2$/‰	天然气类型
渤海湾	南堡	4673~4689	Es	玄武岩	H	-24.4	煤型气
	板桥	4917~4967	O_2f、O_2s	碳酸盐岩	H	-26.8~-26.6	煤型气
	苏桥	4468~4856	O_2f、O_2s	碳酸盐岩	H	-25.9	煤型气
	王官屯	4515~4580	O	碳酸盐岩	L	-25.4	煤型气
	顾辛庄	3167~3307	O_2sm	碳酸盐岩	L		过渡气
	柳泉	1500~1849	Es	砂岩	L	-36.4~-30.0	油型气
	欢喜岭	2351~3042	Es	砂岩	M	-28.1	过渡气
	荣兴屯	1715~1983	Es、Ed	砂岩	L	-27.7~-24.7	煤型气
	高升	1400~1497	Es	砂岩	L	-34.8~-32.3	油型气
鄂尔多斯	苏里格	3288~3623	O_1m-P_2x	砂岩、碳酸盐岩	H	-24.4~-23.2	煤型气
	榆林	2677~3255	O_1m-P_2x	砂岩、碳酸盐岩	M	-26.3~-23.4	煤型气
	神木	2383~2845	P_1t-P_2x	砂岩	L	-27.2~-22.9	煤型气
	子洲	1926~2713	P_1s	砂岩、碳酸盐岩	L	-25.7~-22.7	煤型气
	东胜	2150~2520	P_2x	砂岩	L	-25.6~-24.5	煤型气
	大牛地	2350~2750	P_1s-P_2x	砂岩	L	-25.3~-23.8	煤型气
	靖边	3150~3765	O_1m	碳酸盐岩	L	-31.9~-29.3	油型气
准噶尔	莫索湾	4146~4250	J_1s	砂岩	H	-28.0~-25.5	煤型气
	呼图壁	3536~3614	E_1z	砂岩	L	-23.0~-21.6	煤型气
	玛河	2410~2480	E_1z	砂岩	L	-25.0~-24.4	煤型气
四川	邛西	3682~3708	T_3x	砂岩	H	-22.6	煤型气
	老关庙	3672~3738	T_3x	砂岩	M	-23.7~-22.8	煤型气
	柘坝场	3478~4050	J_1z、T_3x	砂岩	M	-23.1~-22.3	煤型气
	八角场	2544~3352	T_3x	砂岩	M	-27.8~-26.1	煤型气
	合川	2079~2191	T_3x	砂岩	L	-27.2~-26.2	煤型气
	龙岗	5955~6735	P_2ch、T_1f	碳酸盐岩	L	-27.0~-25.3	煤型气
	威远	1911~3000	∈、Z	碳酸盐岩	L	-36.2~-35.7	油型气
	卧龙河	1288~4744	P_2ch-T_1j	碳酸盐岩	L	-35.7~-28.0	油型气
	五百梯	4232~5045	P_2ch、C_2hl	碳酸盐岩	L	-33.6~-31.0	油型气
吐哈	温西	2336~2358	J_2x、J_2q	砂岩	L	-26.3	煤型气
	米登	3062~3108	J_2x	砂岩	L	-26.9	煤型气
	红台	2013~2067	J_2q、J_2s	砂岩	L	-25.9	煤型气
柴达木	马北	1342~1459	E_3l	砂岩	L	-26.4~-26.2	煤型气
	平台	1158~1161	E_{1+2}	砂岩	L	-25.1~-21.4	煤型气
	涩北	709~1372	Q	砂岩	L	-44.6~-31.5	生物气

2 中国煤型气田中汞的成因

2.1 煤型气田中汞的来源

笔者在 2012 年曾对天然气中汞的成因做过探讨，认为天然气中的汞主要来自于气源岩，随着气源岩埋藏深度的不断增大地层温度不断升高，在热力的作用下，气源岩中的汞与烃类一起运移并成藏[29]。其主要证据有 3 点：①煤型气汞含量远高于油型气，统计结果显示，煤型气汞含量算术平均值约为 30μg/m³，油型气汞含量算术平均值只有 3μg/m³ 左右，煤型气汞含量高出油型气 1 个数量级，说明天然气汞含量与天然气类型有关；②松辽盆地高含二氧化碳天然气汞含量随二氧化碳含量的增加而下降，说明天然气中汞的形成与烃类气体的来源有关；③煤系具备形成高含汞天然气的物质基础，若以煤岩的产气率和汞含量来计算，可形成的天然气汞含量为 6.55～14077.67μg/m³，世界上天然气最高汞含量也未超过这一范围。

为进一步验证煤在加热过程中可以生成含汞的天然气，本文开展了煤生烃热释汞模拟实验（图 1），实验用煤样为产自山西临汾二叠系和云南昭通新近系的褐煤。实验时，首先向不锈钢生烃釜中加入一定量的褐煤，然后将生烃釜放入程序控温加热炉中加热，加热所释放的气体通过螺旋管冷却后收集在气体采样袋，加热温度从 250℃开始，一直持续到 900℃，其间每升高 50℃收集 1 次气体样品，每个温度点收集 1h。模拟结果显示，云南昭通的褐煤所生成的天然气汞含量最高达 118μg/m³，山西临汾的褐煤所生成的天然气汞含量最高达 754μg/m³，表明不同地区的煤虽然生成的天然气汞含量不同，但煤在加热生烃过程中均可形成一定含汞量的天然气（表 4）。

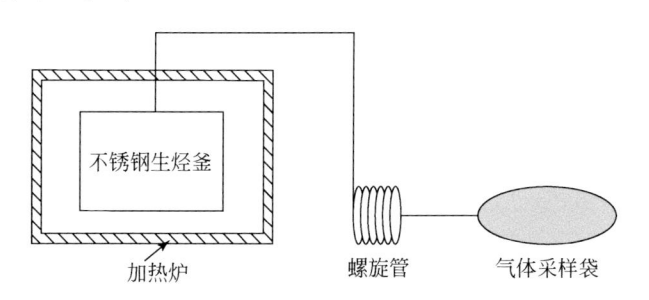

图 1 煤生烃热释汞模拟实验装置图

表 4 褐煤生烃热释汞模拟实验结果统计表

温度/℃	天然气汞含量/(μg/m³)	
	云南昭通	山西临汾
250	3.050	7.860
300	118.000	754.000
350	82.700	546.000
400	33.300	238.000
450	9.670	10.500

续表

温度/℃	天然气汞含量/(μg/m³)	
	云南昭通	山西临汾
500	0.761	4.360
550	0.031	1.130
600	0.025	0.876
650	0.022	0.562
700	0.018	0.483
750	0.016	0.354
800	0.008	0.322
850	0.006	0.250
900	0.005	0.184

2.2 煤型气汞含量的控制因素

1）气源岩温度

尽管煤型气总体汞含量较高，但不同煤型气田之间的汞含量差异还是很大。煤型气汞含量受产层深度的控制，当产层深度小于 1700m 时，煤型气汞含量一般小于 $5\mu g/m^3$，随着产层深度的增加天然气汞含量呈幂函数关系变大（图2）。

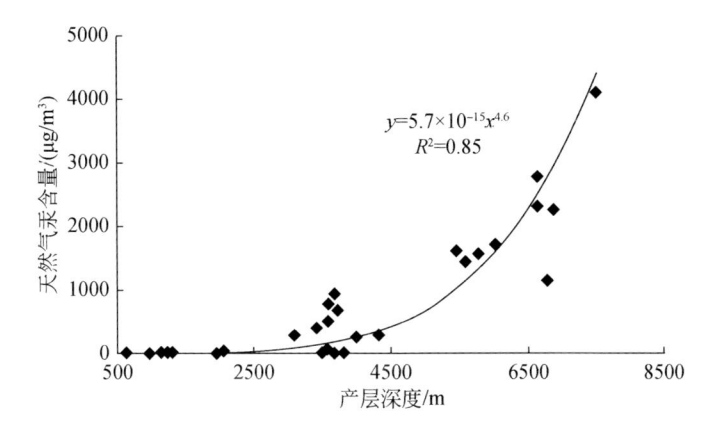

图 2 煤型气汞含量与产层深度关系图

笔者认为中国煤型气汞含量与产层深度所呈现的相关性本质上是与气源岩的热释汞过程有关，本文开展了煤在不同温度下的热释汞实验（图3）。首先将煤粉碎，筛出孔径为 0.88~1.70mm（10~18 目）的颗粒，装入直径为 6mm、长 18cm 的石英管中，两端用石英棉封堵，制得煤粉管。对煤粉管加热，每个温度点恒温 20min，煤粉所释放的汞蒸气在氮气吹扫下通过装有金丝的石英管。捕集汞的石英管会被加热到 800℃，汞蒸气从金丝表面解析下来并在清洁空气的吹扫下进入测汞仪测定。检测结果显示，煤粉在不同温度下均有汞析出，温度越高，汞的析出量越多，主要释汞阶段集中在 250~450℃（图4）。

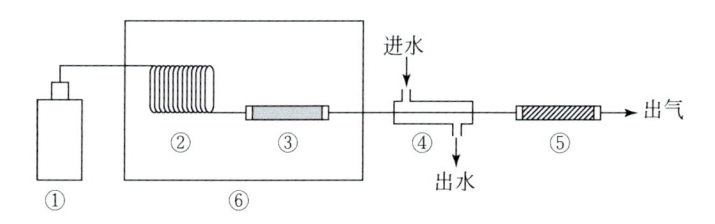

图 3　煤粉热释汞实验装置示意图

①氮气瓶；②加热螺旋管；③活性炭管；④水冷降温管；⑤金丝管；⑥加热釜

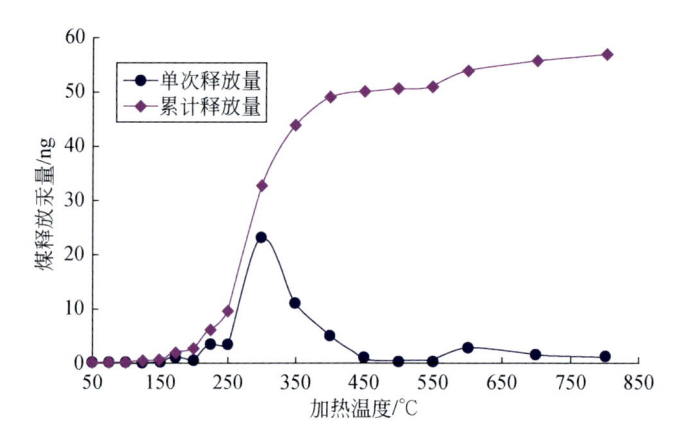

图 4　煤粉热释汞曲线图

2）储集层硫化环境

汞是亲硫元素，自然界中的朱砂矿就是汞与硫反应形成的。在碳酸盐岩储集层中，石膏等硫酸盐矿物在还原菌和硫酸盐热化学还原（thermal sulfate reduction，TSR）作用下，氧化性的硫变成还原性的硫，如硫化氢、单质硫以及噻吩、硫醇、硫醚等含硫化合物。当气体中的汞遇到还原性的硫时很容易被捕获形成硫化汞，硫化环境越强天然气汞含量越低。四川盆地含硫化氢的天然气汞含量均未超过 5μg/m³（图5）。渤海湾盆地王官屯构造王古 1 井尽管产层深度为 4515~4580m，但硫化氢含量高达 8.6%，因此天然气汞含量小于 0.01μg/m³。

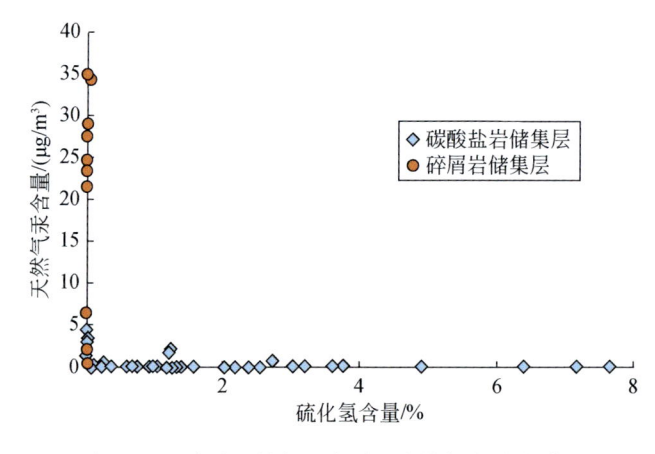

图 5　四川盆地天然气汞含量与硫化氢含量关系图

因此，煤型气汞含量的高低主要受气源岩所经历的地层温度和储集层硫化环境的控制。气源岩所经历的古地温越高，所释放的汞越多，所形成的天然气汞含量也就越高，反之越低。储集层硫化环境越弱，天然气中的汞越容易被保存下来，所形成的天然气汞含量也就越高，否则天然气中的汞就会与储集层中的硫化物形成硫化汞而损失掉，造成天然气低含汞或不含汞。

2.3 煤型气田中汞的形成阶段

结合岩石圈物质循环过程和油气形成过程，将天然气中汞的形成过程划分为搬运和沉积、浅部埋藏、深部埋藏、保存和破坏这4个阶段。

1）搬运和沉积阶段

在岩石风化过程中或岩浆喷发过程中，单质汞或汞离子通过大气、河流和生物搬运至湖泊、海洋与沼泽，并与有机质一起沉积下来。

该阶段沉积有机质富集的汞量除了与岩石的类型、风化速度、构造活动强弱等因素有关，还与沉积物中有机质的数量和类型有关。在沉积有机质中，腐殖质对汞具有很强的吸聚能力，其结构中含有大量的羟基（—OH）、羧基（—COOH）、羰基（—CO）、氨基（—NH$_2$）和巯基（—SH）等活性基团，能与汞进行交换吸附和配位螯合[30]。此外，腐殖质一般呈球粒状，比表面积较大（337～340m^2/g），故其表面吸附力较强，因此，在土壤和沉积物中腐殖质含量的多少决定其含汞量的高低。腐殖质含量较多的森林土壤含汞量为 100～290μg/kg，而一般土壤含汞量为 10～15μg/kg[31]。在沉积物中，腐泥质对汞的富集能力则没有腐殖质强，煤的平均汞含量不低于 1000μg/kg，是汞的克拉克值 80μg/kg 的 12.5 倍以上，而油型气的生气母质含汞量为 150～400μg/kg，比煤低得多[32]。

2）浅部埋藏阶段

随着埋藏深度的增加，沉积有机质逐渐演化成具备生气能力的气源岩。有机质在埋藏初期由于埋藏深度较浅，地层温度较低，有机质依然对汞有较强的吸附能力。地壳深部上升的含汞气体和含汞热液成为气源岩中汞的进一步来源。这些深部上升的含汞气体和含汞热液一方面可以来自于非气源岩在地层温度的作用下的受热分解，也可以来自于侵入岩浆的脱气和脱液。涂修元[21]发现泌阳凹陷核三段生油岩汞含量/有机碳随深度增加而变大。

3）深部埋藏阶段

随着埋藏深度进一步增加，当地层温度达到一定程度后，气源岩中的汞就会随生成的烃类气体一起运移并富藏。韩中喜等[33]曾对煤粉热吸汞及释汞现象进行过实验分析，当温度低于 100℃时煤粉具有吸汞能力，当温度高于 120℃时煤粉不仅不能吸汞反而会释汞，煤粉吸汞和释汞的平衡点大体在 110℃左右。为进一步验证这一现象，本文采集鄂尔多斯盆地单井岩心煤样 11 块，采用热分解齐化原子吸收光谱测定固体及液体中的汞测试方法[34]对煤中的汞进行测定，测定结果如表 5 所示。由于鄂尔多斯盆地下白垩系存在一定程度的剥蚀，按照平均剥蚀厚度为 500m，参照现今地温梯度来计算最大古地温，即 $T=0.0293h+10.8$[35]，结果显示在最大古地温小于 106℃时，煤中汞含量随埋藏深度逐渐增加，当最大古地温达到106℃时，煤中汞含量出现下降的趋势。

表 5 鄂尔多斯盆地 11 块煤样汞含量及最大古地温

井号	现今埋深深度/m	汞含量/(ng/g)	最大埋藏深度/m	最大古地温/℃
双 8 井	2251	161	2751	91
神 9 井	2286	340	2786	92
榆 6 井	2367	363	2867	95
榆 40 井	2551	130	3051	100
榆 40 井	2570	118	3070	101
榆 69 井	2622	520	3122	102
神 12 井	2636	484	3136	103
榆 82 井	2736	517	3236	106
榆 24 井	2745	204	3245	106
陕 245 井	3177	134	3677	119
陕 234 井	3176	141	3676	119

4）保存和破坏阶段

当储集层温度较低时，储集层矿物和有机质就可能将天然气中的汞吸附下来，造成天然气汞含量下降，甚至不含汞。而当储集层中存在硫黄或硫化物时又会进一步加剧天然气中汞的损耗。当气藏抬升、泄漏或者地下深处的气源岩所释放的含汞烃类气体沿断层直接上升至浅部地层时，在低温硫化环境下就会形成汞矿床，世界上很多汞矿床的形成可能与此有关。

3 结论

中国煤型气中汞的分布具有 3 个特征，即煤型气汞含量总体要远高于油型气、不同煤型气汞含量差异很大、煤型气汞含量总体随产层深度的增加而变大。

中国煤型气中的汞主要来自于气源岩，煤生烃热释汞模拟实验揭示出煤在热演化过程中可以形成较高的天然气汞含量。煤型气汞含量受气源岩温度和储集层硫化环境的控制。气源岩所经历的古地温越高，天然气汞含量也就越高；储集层硫化环境越弱，天然气汞含量越高。

结合岩石圈物质循环过程和油气形成过程，中国煤型气中汞的形成可以划分为搬运和沉积、浅部埋藏、深部埋藏、保存和破坏这 4 个阶段。

参 考 文 献

[1] Wilhelm S M, Bloom N. Mercury in petroleum. Fuel Processing Technology, 2000, 63(1): 1-27.

[2] 夏静森, 王遇东, 王立超. 海南福山油田天然气脱汞技术. 天然气工业, 2007, 27(7): 127-128.

[3] 戴金星. 煤成气的成分及其成因. 天津地质学会志, 1984, 2(1): 11-18.

[4] Bingham M K. Field detection and implications of mercury in natural gas. SPE 19357, 1990.

[5] Balen R T. Modeling the hydrocarbon generation and migration in the west Netherlands Basin, the Netherlands. Netherlands Journal of Geosciences, 2000, 79(1): 32.

[6] Nelson H F, Abdullah M, Jordan C F, et al. Carbonate petrology of Arun limestone, Arun Field, Sumatra, Indonesia. AAPG Bulletin, 1992, 76(S1): 31-39.

[7] Muchlis M. Analytical methods for determining small quantities of mercury in natural gas. Jakarta: 10th Annual Convention Proceedings, 1981.

[8] Situmorang M S, Muchlis M. Mercury problems in the Arun LNG Plant. Los Angeles: 8th International Conference on LNG, 1986.

[9] Nicholas P. Applications of tectonic geomorphology for deciphering active deformation in the Pannonian Basin, Hungary. Occasional Papers of the Geological Institute of Hungary, 2005, 204: 45-51.

[10] Bruno S, Josipa V, Sztano O, et al. Tertiary subsurface facies, source rocks and hydrocarbon reservoirs in the SW part of the Pannonian Basin (northern Croatia and south-western Hungary). Geologia Croatica, 2003, 56(1): 101-122.

[11] Nutavoot P. Thailand's initiatives on mercury. SPE 38087, 1997.

[12] Wilhelm S M, Alan M A. Removal and treatment of mercury contamination at gas processing facilities. SPE 29721, 1995.

[13] 姜伟. 美国 Unocal 公司在泰国湾的钻井技术. 石油钻采工艺, 1995, 17(6): 43-49.

[14] Mahmoud A E. Egyptian gas plant employs absorbents for Hg removal. Oil & Gas Journal, 2006, 104(50): 52-57.

[15] Mohamed R S, Mohammed H H, Wan H A. Geochemical characteristics and hydrocarbon generation modeling of the Jurassic source rocks in the Shoushan Basin, north Western Desert, Egypt. Marine and Petroleum Geology, 2011, 28(9): 1611-1624.

[16] Shalaby M R, Hakimi M H, Abdullah W H. Geochemical characterization of solid bitumen (migrabitumen) in the Jurassic sandstone reservoir of the Tut Field, Shushan Basin, northern Western Desert of Egypt. International Journal of Coal Geology, 2012, (100): 26-39.

[17] Zettlitzer M, Scholer H F, Eiden R, et al. Determination of elemental, inorganic and organic mercury in north German gas condensates and formation brines. SPE 37260, 1997.

[18] Zdravko S, Mashyanov N R. Mercury measurements in ambient air near natural gas processing facilities. Fresenius Journal of Analytical Chemistry, 2000, 366(5): 429-432.

[19] 李明, 付秀勇, 叶帆. 雅克拉集气处理站脱汞工艺流程改造. 石油与天然气化工, 2010, 39(2): 112-114.

[20] Bailey E H, Snavely P D, White D E. Chemical analysis of brines and crude oil, Cymric field, Kern County, California. Virginia: United States Geological Survey, 1961: 306-309.

[21] 涂修元. 天然气和表土中汞蒸气含量及分布特征. 地球化学, 1992, 9(3): 294-351.

[22] Frankiewicz T C, Curiale J A, Tussaneyakul S. The geochemistry and environmental control of mercury and arsenic in gas, condensate, and water produced in the Gulf of Thailand. AAPG Bulletin, 1998, 82(2): 3.

[23] 陈践发, 妥进才, 李春园, 等. 辽河坳陷天然气中汞的成因及地球化学意义. 石油勘探与开发, 2000, 27(1): 23-24.

[24] 戴金星, 戚厚发, 王少昌, 等. 我国煤系的油气地球化学特征、煤成气藏形成条件及资源评价. 北京: 石油工业出版社, 2001.

[25] 垢艳侠, 侯栋才, 王旭东. 天然气中汞的来源及富集条件. 新疆石油地质, 2009, 30(5): 582-584.

［26］刘全有. 塔里木盆地天然气中汞含量与分布特征. 中国科学: 地球科学, 2013, 43(5): 789-797.

［27］韩中喜, 李剑, 严启团, 等. 天然气汞含量作为煤型气和油型气判识指标的探讨. 天然气地球科学, 2013, 24(1): 129-133.

［28］李剑, 李志生, 王晓波, 等. 多元天然气成因判识新指标及图版. 石油勘探与开发, 2017, 44(4): 503-512.

［29］李剑, 韩中喜, 严启团, 等. 中国气田天然气中汞的成因模式. 天然气地球科学, 2012, 23(3): 413-419.

［30］彭国栋. 腐殖酸对土壤汞形态分配及生物有效性的调控作用及机理研究. 重庆: 西南大学, 2012.

［31］杨育斌, 涂修远. 汞蒸气直接找油应用前景的初步探讨. 见: 地质部石油普查勘探局. 石油地质文集: 油气. 北京: 地质出版社, 1982: 322-323.

［32］戴金星, 戚厚发, 郝石生. 天然气地质学概论. 北京: 石油工业出版社, 1989: 68-70.

［33］韩中喜, 严启团, 王淑英, 等. 辽河坳陷天然气汞含量特征简析. 矿物学报, 2010, 30(4): 508-511.

［34］United States Environmental Protection Agency. Mercury in solids and solutions by thermal decompostion, amalgamation, and atomic absorption spectrophotometry: EPA 7473-2017. Washington: United States Environmental Protection Agency, 2017.

［35］任战利, 张盛, 高胜利, 等. 鄂尔多斯盆地构造热演化史及其成藏成矿意义. 中国科学: 地球科学, 2007, 37(S1): 23-32.

中国气田天然气中汞的成因模式*

李 剑，韩中喜，严启团，王淑英，葛守国，王春怡

0 引言

汞在天然气中主要为 0 价的元素汞，以气态的形式分散于天然气当中[1]。在天然气低温处理过程中，液态汞很容易析出，给生产设备和作业人员带来很大安全隐患。汞可以对多种金属产生腐蚀，尤其是铝质设备。汞腐蚀会降低容器的承压能力，造成管线泄漏，容易引起各种事故，甚至是爆炸。1973 年位于阿尔及利亚斯基克达（Skikda）地区的一家天然气液化厂因铝质换热设备发生汞腐蚀而爆炸，导致 27 人死亡 72 人受伤[2]。2004 年位于澳大利亚的一家天然气处理厂因汞腐蚀导致气体泄漏并引起爆炸，酿成灾难性后果。荷兰格罗宁根（Groningen）气田因高含汞而闻名，1969 年在对天然气井口装置检查时发现阀门出现严重的汞腐蚀，给天然气生产带来严重安全隐患。2006 年中国海南福山油田一家天然气液化厂因主冷箱至气液分离器的铝合金直管段漏气而不得不停产更换，在更换过程中发现有液态汞的存在[3]。

中石化雅克拉集气处理站主冷箱也先后于 2008 年 8 月和 2009 年 1 月发生数次刺漏，累计造成天然气处理装置停产 50 天，西气东输压缩机停输两个月，不仅直接经济损失巨大，还存在很大的安全风险。汞蒸气由于具有高度的扩散性和很强的脂溶性，可以很容易通过呼吸道进入人体，并在脑组织和肾脏累积起来，破坏人的神经系统和泌尿系统。当空气中汞含量达到 $100000ng/m^3$ 时就会引起慢性中毒，超过 $1200000ng/m^3$ 时就会造成急性中毒[4]。在天然气处理厂，当检修人员对汞受污染的设备进行高温作业时就会导致环境中汞含量的迅速升高，数分钟内就会致人昏厥，甚至是死亡。因此，搞清中国天然气汞含量特征，不仅对于控制汞污染，消除汞的危害具有重要现实意义，而且对于认识汞的地球化学特征也具有重要学术价值。

1 中国天然气汞含量分布特征

中国含气盆地结构类型复杂，既有东部地区的拉张断陷盆地，也有中、西部地区的复合、叠合盆地。构造活动差异大，拉张断陷盆地和山前褶皱带和前陆盆地区往往是构造活动较强的地区，位于叠合盆地中部的克拉通区则构造活动较弱。产气层位多，从震旦系到第四系都有分布。天然气成因类型多变，既有无机气也有有机气，既有生物气也有煤型气和油型气。为了搞清中国天然气汞含量特征，笔者对中国陆上八大含气盆地 500 多口气井开展了天然气汞含量检测，检测数据不仅表现为不同含气盆地之间存在很大差异，就是同

---

* 原载于《天然气地球科学》，2012 年，第 23 卷，第 3 期，413～419。

一盆地的内部不同埋藏深度和不同天然气成因类型之间也有很大差异。

1.1 平面分布特征

从表 1 中可以看出,中国天然气汞含量差异很大,最小可达仪器检测不到的程度,最高可达 2240000ng/m³,主体分布在 0～1500000ng/m³。松辽盆地和塔里木盆地是中国高含汞天然气的主要分布区,很多气井天然气汞含量超过了 500000ng/m³。渤海湾盆地、鄂尔多斯盆地和准噶尔盆地也具有较高的天然气汞含量,很多气井天然气汞含量超过了 50000ng/m³。四川盆地、吐哈盆地和柴达木盆地则相对较低,天然气汞含量在 0～42000。中国天然气汞含量平面差异不仅体现在不同含气盆地之间,就是同一盆地不同构造部位其差异也是非常明显的。以四川盆地为例,通常情况下,高含汞天然气主要分布在盆地构造活动相对较强的地区,如东部地区的拉张断陷盆地和中西部地区的山前褶皱带或前陆区。

表 1 中国八大含气盆地天然气汞含量数据统计表

盆地名称	天然气汞含量/(ng/m³)	
	最低值	最高值
松辽盆地	<10	2240000
塔里木盆地	<10	1500000
渤海湾盆地	200	230000
鄂尔多斯盆地	50	210000
准噶尔盆地	1700	110000
四川盆地	<10	42000
吐哈盆地	53	275
柴达木盆地	<10	39

中国天然气汞含量平面差异不仅体现在不同含气盆地之间,就是同一盆地不同构造部位也有很大不同,下面以四川盆地为例加以论述。按照断褶构造的发育程度,将四川盆地大致分为川东高陡断褶构造区、川南中-低缓断褶构造区和川西中-低缓断褶构造区[5]。106口气井的汞含量分析数据表明虽然四川盆地天然气汞含量整体不高,但不同地区的差异是非常明显的(图 1)。川西中-低缓断褶构造区及川中平缓构造区构成了该盆地前陆区主体[6],这一地区天然气汞含量远高于川南地区和川东地区,天然气汞含量介于 5000～50000ng/m³,川南地区和川东地区天然气汞含量一般不超过 5000ng/m³。

1.2 垂向分布特征

中国天然气汞含量不仅平面分布差异大,在垂向上也有很大差异。吉拉克凝析气田位于新疆维吾尔自治区巴音郭楞蒙古自治州轮台县城以南 50km 处的塔里木河北岸。该气田发育了三叠系和石炭系上、下 2 套含油气层系,5 个凝析气藏,其中三叠系 4 个和石炭系 1 个[7]。三叠系 4 个凝析气藏分别位于 TI$_1$、TI$_2$、TII、TIII 等油层组,天然气类型为油型气[8],本文研究对象是 TII 油层组,检测结果见表 2。

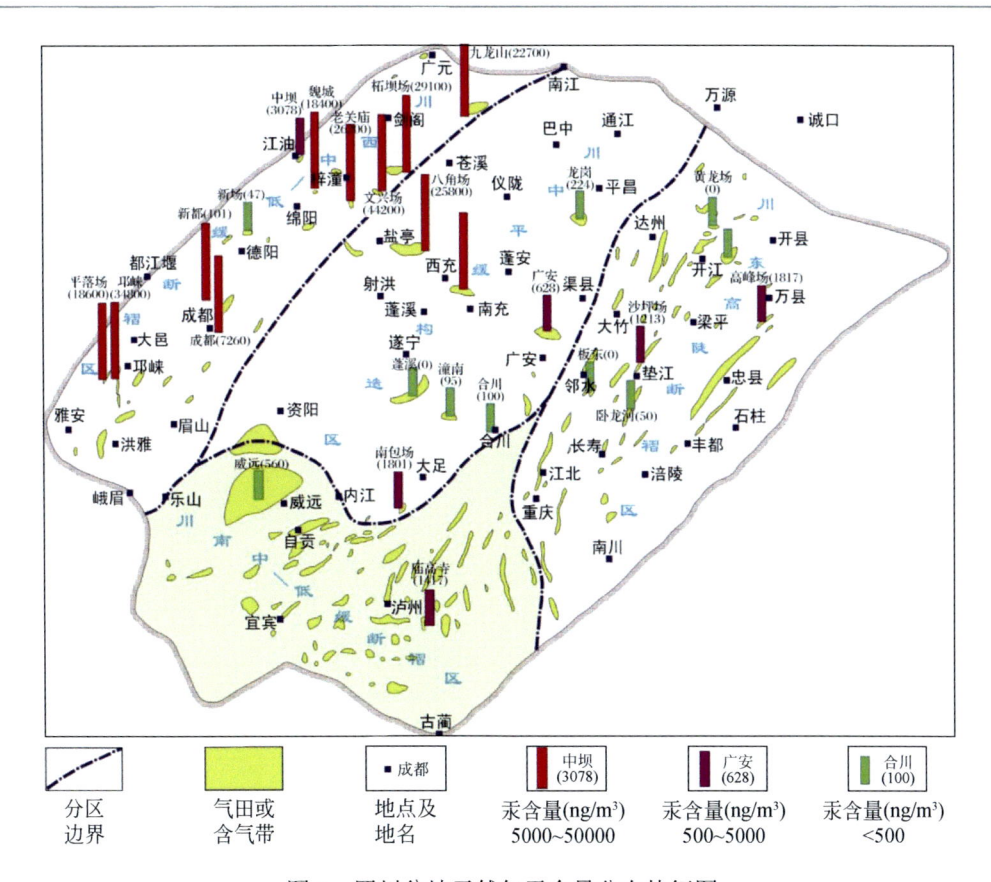

图 1 四川盆地天然气汞含量分布特征图

表 2 吉拉克凝析气田 TII 油层组天然气汞含量综合数据表

井名	汞含量/(ng/m³)	产层深度/m	产层深度中值/m	层位
JLK106	547	4321.5～4327	4324.3	TII
LN58	1579	4335.5～4339	4337.3	TII
JLK102	1670	4336～4342	4339.0	TII
LN57	1848	4338.5～4341.5	4340.0	TII
JLK103	2208	4341.5～4345	4343.3	TII

从表 2 可以看出，在检测的 5 口气井当中，天然气汞含量最高为 2208ng/m³，最低只有 547ng/m³。为了得到天然气汞含量与产层深度的关系，我们将产层深度中值定义为产层深度段中间位置的深度，并建立天然气汞含量与产层深度中值之间的关系。从图 2 可以看出，天然气汞含量与产层深度中值具有很好的正相关关系，随着产层深度的增加而逐渐增大，在线性拟合下，相关系数可达 0.9882，拟合效果良好。

1.3 不同成因类型天然气汞含量特征

天然气按照成因类型可以分为两大类，即无机气和有机气，其中有机气按成熟度可分为生物气、热解气和裂解气，按生气母质类型又可分为油型气和煤型气[9]。本文中煤型气

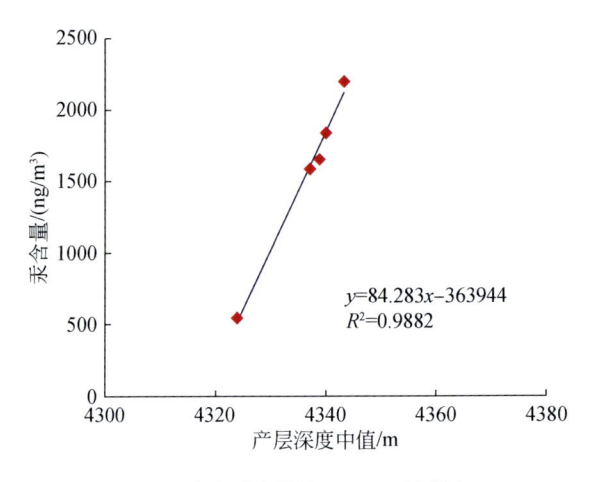

图 2　吉拉克凝析气田 TII 油层组

和油型气特指热解气和裂解气中的煤型气和油型气。无机气以松辽盆地南部万金塔气藏为例，生物气以柴达木盆地涩北气田为例，煤型气和油型气涵盖了中国陆上大部分含气盆地。由表 3 可以看出，无机成因的万金塔纯二氧化碳气藏[10]汞含量很低，被检测的多口气井汞含量均小于 10ng/m³。在有机气当中，生物气汞含量最低，最低每立方米只有几纳克，最高也不过 39ng/m³。在热演化程度较高的煤型气和油型气当中，煤型气汞含量总体要远高于油型气。煤型气汞含量较高与成气母质腐殖质对汞具有很强的吸聚能力有关。腐殖质胶体吸附量平均为 3~4g/kg，在相同的地质环境中比其他一切胶体的吸附量都高。在土壤和沉积物中腐殖质含量的多少决定着含汞量的富贫。例如，腐殖泥含汞量高达 1000μg/kg 以上，而一般淡水沉积物含汞量仅为 73μg/kg，腐殖泥较多的森林土壤含汞量为 100~290μg/kg，而一般土壤含汞量则为 10~50μg/kg，煤的含汞量平均不低于 1000μg/kg，而一般泥岩和页岩含汞量只有 150~400μg/kg，这些清楚地说明煤型气的母质腐殖质有机质含汞量比其他的高[11]。但这并不意味着所有的煤型气均具有较高的汞含量，煤型气拥有更高的汞含量分布范围，煤型气汞含量介于 18~2240000ng/m³，油型气汞含量介于 0~28000ng/m³。这说明该天然气汞含量并不完全与气源岩类型相关。

表 3　不同成因类型天然气汞含量数据表

天然气类型		汞含量/(ng/m³)
无机气	纯二氧化碳气	<10
有机气	生物气	<10~39
	煤型气	18~2240000
	油型气	0~28000

2　天然气中汞的成因

关于天然气中汞的成因很多学者都做过探讨。无外乎有两种观点，即"煤系成因说"和"岩浆成因说"[11-13]。煤系成因说认为天然气中的汞来自于气源岩，汞是在气源岩热演化过程中随挥发分一起运移并聚集到气藏当中去的。岩浆成因说认为天然气中的汞来自于深部岩浆的脱气作用，通过深大断裂进入气藏当中去的。这两种观点均与现今发现的高含汞气田的分布是一致的，即高含汞气田其天然气类型均为煤型气，高含汞气田所处的地质结构均为构造活动区，可能伴随有地壳深部及深部的脱气作用。但这两种成因究竟以哪一个为主尚须作进一步探讨。

2.1 天然气中汞的来源

松辽盆地是中国东部中新生代发育的大型裂谷盆地，盆地深层火山岩发育，天然气除含烷烃气外还含有较多的二氧化碳气，部分气井二氧化碳含量甚至超过了90%。很多学者都对松辽盆地深层二氧化碳的成因进行过探讨，比较统一的认识是松辽盆地深层二氧化碳气为幔源成因[14-17]。根据这一认识。如果说松辽盆地深层天然气中的汞为幔源成因，那么高含二氧化碳气井的天然气汞含量应该随二氧化碳含量的增加而增加。为了求证这一问题，笔者选取松辽盆地深层5口高含二氧化碳井作为研究对象，在进行天然气汞含量检测的同时采集天然气样品进行组分分析，天然气汞含量的检测采样德国Mercury Instrument公司生产的Mercury Tracker 3000，该仪器不仅量程大，而且检测精度高，最小分辨率为100ng/m³。天然气组分析分采用安捷伦7890色谱仪。但检测给出了相反的结论。从图3中可以看出，天然气汞含量不仅没有随二氧化碳含量的增加而增加，反而是随二氧化碳含量的增加而逐渐下降。因此松辽盆地深层天然气中的汞不可能为幔源成因。

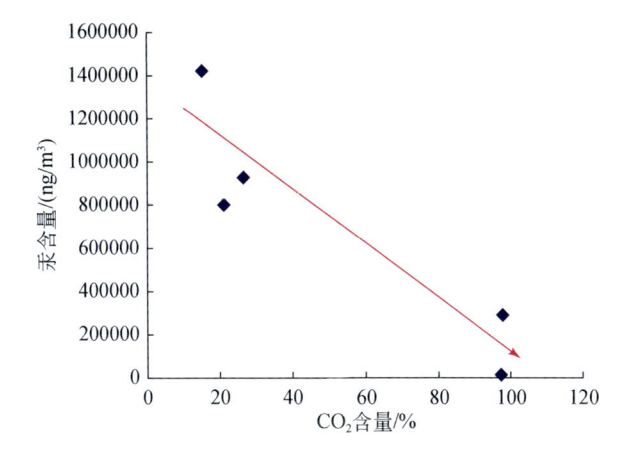

图3 松辽盆地深层高含二氧化碳井汞含量随二氧化碳含量变化趋势图

大量的数据表明，作为生气母质的煤具备形成高含汞气田的条件。煤在热演化过程中不仅会释放出大量的烃类气体，还会将气态汞释放出去。因此可以根据煤的产气率和含汞量大体计算其所形成的天然气汞含量。戚厚发等[18]对中国不同地区的煤岩进行了大量人工热模拟实验，得到了不同煤阶下煤的产气率（表4）。

从表4中可以发现，煤岩产气率随演化程度的不断增加而变大，到无烟煤阶段产气率可达206~458m³/t煤。Kevin等[19]和王起超等[20]曾对美国和中国不同产煤区中的汞含量进行过统计（表5），这些地区煤岩汞含量均在0.003~2.9μg/g，如果按照这两组数据，不难得出煤岩以其自身的汞含量就可以形成6550~14077670ng/m³的天然气汞含量。而在中国及世界范围内均未发现超过此范围的天然气汞含量（世界见报道的最高天然气汞含量为位于德国北部的气田，大体在 1700000～4350000ng/m³ [21]）。因此，煤系烃源岩具备形成高含汞气田的物质基础。

表 4　中国不同地区煤岩产气率数据表[18]

煤阶	镜质组反射率/%	煤的产气率/(m³/t煤)
褐煤	<0.50	38～68*
长烟煤	0.50～0.65	42～99
气煤	0.65～0.90	45～126
肥煤	0.90～1.20	64～179
焦煤	1.20～1.70	86～244
瘦煤	1.70～1.90	124～298
贫煤	1.90～2.50	152～389
无烟煤	>2.50	206～458

* 褐煤前产气率（38～68m³/t煤），系借用国外文献数据。

表 5　美国与中国不同产煤区煤中汞含量[19-20]

美国地区	含量范围/(μg/g)	平均值/(μg/g)	中国地区	含量范围/(μg/g)	平均值/(μg/g)
Appalachian	0.003～2.9	0.20	黑龙江	0.02～0.63	0.12
Eastern Interior	0.007～0.4	0.10	吉林	0.08～1.59	0.33
Fort Union	0.007～1.2	0.13	辽宁	0.02～1.15	0.20
Green River	0.003～1.0	0.09	北京	0.06～1.07	0.28
Hams Fork	0.02～0.6	0.09	内蒙古	0.23～0.54	0.34
Gulf Coast	0.01～1.0	0.22	安徽	0.14～0.33	0.22
Pennsylvania Anthracite	0.003～1.3	0.18	江西	0.08～0.26	0.16
Powder River	0.003～1.4	0.10	河北	0.05～0.28	0.13
Raton Mesa	0.01～0.5	0.09	山西	0.02～1.59	0.22
San Juan River	0.003～0.9	0.08	陕西	0.02～0.61	0.16
South West Utah	0.01～0.5	0.10	山东	0.07～0.30	0.17
Uinta	0.003～0.6	0.08	河南	0.14～0.81	0.30
Western Interior	0.007～1.6	0.18	四川	0.07～0.35	0.18
Wind River	0.007～0.8	0.18	新疆	0.02～0.05	0.03

2.2　天然气中汞的成因模式

虽然煤系烃源岩或偏腐殖型气源岩具备形成高含汞天然气的物质基础，但并不是所有的煤型气均具有较高的天然气汞含量。这是因为汞在气源岩中以各种吸附态和化合态的形式存在，汞要想从气源岩中释放出来，地层必须要达到一定的热力条件。韩中喜[22]认为只有地层温度达到110℃后，气源岩中的汞才开始被大量释放出来，在地层温度较低时，气源岩不仅不能将汞释放出去，反而对汞就有较强的吸附能力。这一点可以在笔者所研究的

500多口气井的统计数据中得到验证，从图 4 中可以看出，天然气汞含量总体随产层深度的增加而增大。当产层深度低于 1800m 时，天然气汞含量很低，一般不超过 2000ng/m³。根据我国目前的地温场，地温梯度在 1.9~3.5℃/100m[23]，在 1800m 埋藏深度下，地层温度大体在 48~88℃。在这个温度下，天然气中的汞更倾向于吸附在地层中的有机物和黏土矿物之上，当汞在天然气和岩层之间的分配达到某一平衡状态时，残留在天然气中的汞就很少了。

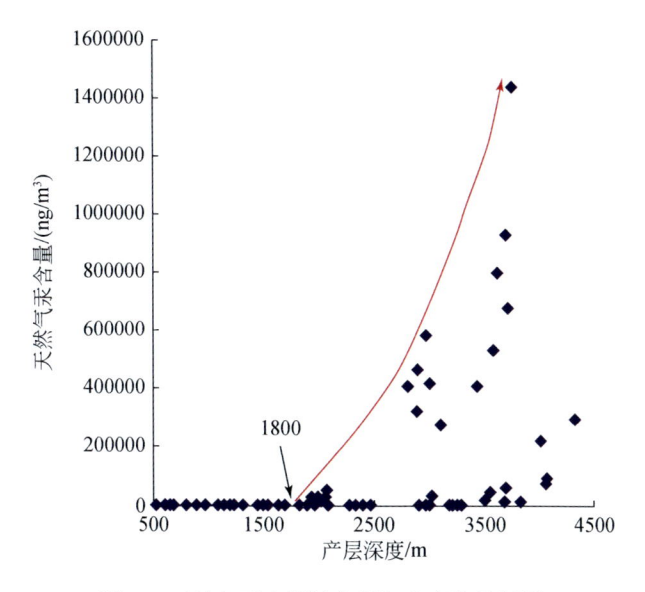

图 4　天然气汞含量随产层深度变化特征图

根据以上讨论可以发现，高含汞天然气的形成必须同时具备以下 3 个条件。

（1）富含汞的气源岩，气源岩含汞量越高，其所形成的天然气汞含量才可能会高，如煤或偏腐殖型气源岩。

（2）充足的热力，气源岩温度越高，汞的活动性越强，越容易从气源岩中释放出来。

（3）必要的保存温度，汞进入气藏以后会与围岩（尤其是黏土矿物、各种有机物）存在汞的物质交换，直至达到某一平衡状态，温度越低的围岩对汞的吸附越强烈，气藏中天然气汞含量越低，温度越高，围岩对汞的吸附量越弱，气藏中天然气汞含量也就会越高。

借鉴汞在自然界中的循环过程和煤的形成过程，可将天然气中汞的形成划分为 5 个演化阶段，即搬运、沉积、埋藏、释放和保存。火山喷发物以及各种岩石风化的产物是自然界中汞的最原始来源（图 5），它们可以以气态、吸附态和各种化合态的形式在气流、水流等的搬运作用下进入湖泊或海洋之后沉积下来，在搬运和沉积过程中有机质胶体由于对汞具有较强的吸附能力，汞可以在有机物中富集并一起埋藏下来。随着埋藏深度的增加，地层温度也不断升高，汞便会在热力的作用下随生成的天然气一起从气源岩中释放并在合适的圈闭中聚集起来。

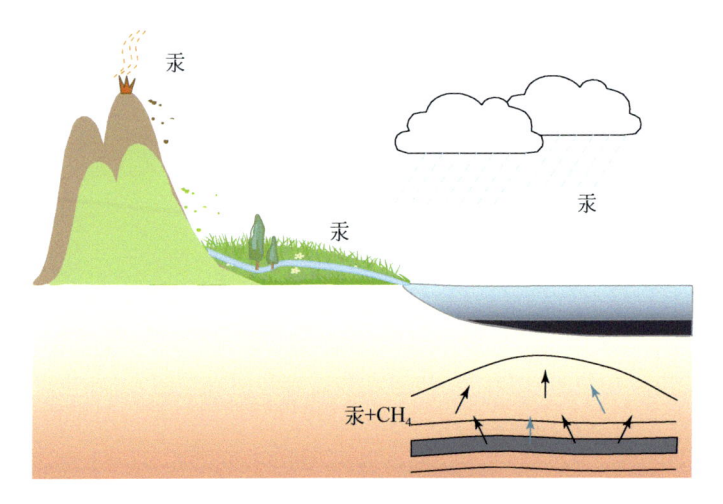

图 5 天然气中汞的形成模式图

3 结论

汞是天然气中一种常见的重金属有害元素,汞的存在给天然气处理带来很大安全隐患。中国天然气地质条件复杂,不同气田的天然气汞含量差异很大,最低几乎达到仪器检测不到的程度,最高可达 2240000ng/m³。松辽盆地和塔里木盆地是中国高含汞气田的主要分布区,吐哈和柴达木盆地则相对不高。在同一盆地内部,构造活动相对较强的山前褶皱带和前陆区汞含量要远高于构造活动相对稳定的克拉通区。煤型气汞含量要远高于油型气汞含量,无机气和生物汞含量很低。松辽盆地深层高含二氧化碳井的汞含量检测数据和天然气组分数据表明该盆地深层天然气中的汞不可能为幔源成因。煤的汞含量数据和产烃率数据研究表明,煤是具备形成高含汞天然气的物质基础的。高含汞天然气的形成必须同时具备 3 个条件:①富含汞的气源岩;②充足的热力;③必要的保存温度。天然气中汞的形成可以划分为 5 个演化阶段,即搬运、沉积、埋藏、释放和保存阶段。

参 考 文 献

[1] Wilhelm S M, Bloom N. Mercury in petroleum. Fuel Processing Technology, 2000, 63: 1-27.

[2] Leeper J E. Processing mercury corrosion in liquefied natural gas plants. Energy Process, 1981, 73(3): 46-51.

[3] 夏静森, 王遇东, 王立超. 海南福山油田天然气脱汞技术. 天然气工业, 2007, 27(7): 127-128.

[4] 江苏氯碱. 汞的安全标准. 江苏氯碱, 2009, (6): 37.

[5] 徐国盛, 何玉, 袁海峰, 等. 四川盆地嘉陵组天然气藏的形成与演化研究. 西南石油大学学报: 自然科学版, 2011, 33(2): 171-178.

[6] 魏国齐, 刘德来, 张林, 等. 四川盆地天然气分布规律与有利勘探领域. 天然气地球科学, 2005, 16(4): 437-442.

[7] 伍轶鸣. 吉拉克凝析气田自流注气提高采率方案研究. 天然气工业, 1999, 19(2): 58-62.

[8] 胡守志, 付晓文, 王廷栋, 等. 吉拉克三叠系凝析气藏成藏地球化学研究. 西南石油学院学报, 2005, 27(3): 14-16.

[9] 戴金星, 陪锡古, 戚厚发. 中国天然气地质学(卷一). 北京: 石油工业出版社, 1992.

[10] 戴金星, 胡国艺, 倪云燕, 等. 中国东部天然气分布特征. 天然气地球科学, 2009, 20(4): 471-486.

[11] 戴金星. 煤成气的成分及其成因. 天津地质学会志, 1984, 2(1): 11-18.

[12] 侯路, 戴金星, 胡军, 等. 天然气中汞含量的变化规律及应用. 天然气地球科学, 2005, 16(4): 514-520.

[13] 刘全有, 李剑, 侯路. 油气中汞及其化合物样品采集与试验分析方法研究进展. 天然气地球科学, 2006, 17(4): 559-564.

[14] 霍秋立, 杨步增, 付丽. 松辽盆地北部昌德东气藏天然气成因. 石油勘探与开发, 1998, 25(4): 17-19.

[15] 谈迎, 刘德良, 李振生. 松辽盆地北部二氧化碳气藏成因地球化学研究. 石油实验地质, 2006, 28(5): 480-483.

[16] 张庆春, 胡素云, 王立武, 等. 松辽盆地含 CO_2 火山岩气藏的形成和分布. 岩石学报, 2010, 26(1): 109-119.

[17] 王立武, 邵明礼. 松辽盆地深层天然气富集条件的特殊性探讨. 中国石油勘探, 2009, (4): 6-12.

[18] 戚厚发, 戴金星, 宋岩, 等. 东濮凹陷天然气富集因素及聚集模式. 石油勘探与开发, 1986, 13(4): 1-10.

[19] Kevin C, Christopher J. Mercury transformation in coal combustion flue gas. Fuel Processing Technology, 2000, (65): 289-310.

[20] 王起超, 沈文国, 麻壮伟. 中国燃煤汞排放量估算. 中国环境科学, 1999, (4): 318-321.

[21] Zettlitzer M. Determination of elemental, inorganic and organic mercury in North German gas condensates and formation brines. SPE 37260, 1997: 509-513.

[22] 韩中喜, 严启团, 李剑, 等. 沁水盆地南部地区煤层气汞含量特征简析. 地球科学, 2010, 21(6): 1054-1059.

[23] 姚足金. 从地热水分布论中国地温场特征. 武汉: 中国地球物理学会第六届学术年会论文集, 1990.

中国主要含油气盆地天然气中汞的来源与分布

刘全有，彭威龙，李　剑，吴小奇

0　引言

天然气中普遍含有不等量的单质汞（Leeper，1980；Bingham，1990；Hennico et al.，1991；Wongkasemjit and Wasantakorn，2000；陈践发等，2001；戴金星等，2001；Ryzhov et al.，2003；韩中喜等，2013；刘全有，2013；Li et al.，2017；Tang et al.，2019）。汞不仅对生态环境有污染，而且汞的吸附作用会在天然气利用过程中导致设备故障，甚至造成破坏性事故（Leeper，1980；Haselden，1981；Bingham，1990；Wongkasemjit and Wasantakorn，2000；Ezzeldin et al.，2016；Peng et al.，2019）。长期处于汞超标的环境中可引起神经系统、心血管、皮肤等各类疾病（Cortes-Maramba et al.，2006；Virtanen et al.，2007；Wastensson et al.，2006）。由此可见，天然气中汞含量的高低直接关系到用户身体健康、生态环境污染，以及天然气的安全利用。通常认为，天然气中的汞主要来源于气源岩成烃过程（Frankiewicz et al.，1998；陈践发等，2001；Haitzer et al.，2002；Peng et al.，2019；Tang et al.，2019）。由于陆源有机质（如煤岩和碳质泥岩）中相对富集汞（冯新斌 et al.，1998；Ren et al.，1999；Phillips，2003），所以腐殖型有机质形成的煤成气中汞含量一般高于混合型-腐泥型有机质形成的油型气（戴金星等，2001）。在深切地幔的深大断裂带，汞与其他挥发性组分会伴随着岩浆上升（Zettlitzer et al.，1997；陈践发等，2000；Smith et al.，2005；李剑等，2012），如辽河盆地西部凹陷油型气中汞含量明显偏高东部凹陷煤成气（陈践发等，2000），可能与存在深部汞有关。Liu（2013）通过对塔里木盆地天然气中汞含量的分析，指出天然气中汞含量主要受天然气成因类型、母质沉积环境、构造活动和火山活动的影响，其中构造活动是主要影响因素，其次为母质沉积环境和火山活动。尽管国内外对自然界中汞的地球化学做了许多工作，但相关工作多集中在环境地球化学中（冯新斌等，1998；Cortes-Maramba et al.，2006；Tang et al.，2017，2019），对于天然气中汞的分布规律与主控因素还不是很清楚，即对含油气盆地天然气中汞含量分布的研究较为薄弱，天然气中汞含量的预测较为困难（Liu，2013；Tang et al.，2019；Peng et al.，2019；Li et al.，2019）。我国含油气盆地众多，分别选取东部的松辽盆地、中部的四川盆地、鄂尔多斯盆地以及西部的塔里木盆地，作为典型盆地开展天然气中汞的来源与分布研究。该四大盆地天然气资源较为丰富，并且横跨我国三大含油气区，包含裂谷盆地、克拉通盆地，在克拉通基础上同时发育前陆坳陷，

---

* 原载于《中国科学：地球科学》，2020年，第50卷，第5期，645～650。

因此具有较好的代表性。在对四大典型含油气盆地天然气中汞含量进行分析的基础上，探讨天然气中汞的主要来源，查明其分布规律，为天然气中汞含量预测提供科学依据。

1 实验方法

文中样品均为气田生产井井口采集。气样采用承压为 15MPa 的钢瓶收集。汞的收集装置主要包括捕汞管、流量计、干燥管、秒表、量筒、敞口瓶等。用橡胶管将汞的收集装置与天然气井口连接。采用排水法计量通过汞收集装置的气体量。捕汞管是利用了黄金对汞的吸附原理。在捕汞管内置纯度为 99.999%的金丝以研究汞的富集作用对天然气中的汞吸附。汞的具体收集方法，徐永昌（1994）做过详细报道。完成汞的取样后，将汞的收集装置放置在加热炉中，将炉温升至 800℃并保持 30s，使收集装置中的汞解析成汞蒸气并吹扫至分析仪器中进行汞含量分析，其中载气为氩气，吹扫速度为 0.5L/min。汞含量分析采用 XG-4 塞曼测汞仪，检测限均小于 0.02ng，重复进样分析，调整仪器使分析误差小于 3%（Liu，2013）。使用上述实验方法，对塔里木、四川、鄂尔多斯和松辽盆地的徐深气田和朝阳沟地区天然气中汞含量进行了测量。

为了对比分析天然气中汞的来源，作者对天然气中稀有气——氦气同位素组成（$^3He/^4He$）也开展了分析。氦气同位素组成采用 Nobleless SFT 型稀有气体质谱仪分析。将含有气样的钢瓶连接到质谱仪的样品净化系统上。对体系抽真空至体系压强小于 2Pa，截取 $2cm^3$ STP 气体导入稀有气体净化系统；采用海绵钛炉和吸气泵除去样品中的杂质气体。气体净化后进入稀有气体质谱仪分析系统，分析氦气同位素组成。稀有气体同位素组成具体的分析方法可以参考相关文献（徐永昌等，1998）。

2 天然气中汞含量

对塔里木盆地不同构造单元气藏中汞含量开展了分析，研究表明塔里木盆地 19 个煤成气样品中汞含量分布在 $0.015\sim296.76\mu g/m^3$，平均值为 $26.98\mu g/m^3$；22 个油型气样品中汞含量分布在 $0.014\sim28.11\mu g/m^3$，平均值为 $5.39\mu g/m^3$；其中塔西南前陆坳陷天然气中汞含量明显异常高，最高达 $296.76\mu g/m^3$，表明构造活动对天然气中含量的明显控制作用（Liu，2013）。鄂尔多斯盆地为典型克拉通盆地，主要发育上古生界煤成气，对鄂尔多斯盆地 32 个气样的分析表明，汞含量分布在 $0.2\sim37.4\mu g/m^3$，平均值为 $4.3\mu g/m^3$。总体上鄂尔多斯盆地煤成气中汞含量较高，由于缺乏深大断裂，气藏中汞可能主要来自煤系烃源岩的热演化。四川盆地 49 个天然气样品中汞含量分布介于 $1.0\sim40.4\mu g/m^3$，平均值为 $9.3\mu g/m^3$；四川盆地天然气中 $^3He/^4He$ 值处于 $n\times10^{-8}$，指示其为典型的克拉通地块，构造相对稳定（Ni et al.，2014），其天然气中的汞主要来自烃源岩。涂修元等（1986）对四川盆地同一口井的泥页岩和煤中汞含量进行了分析发现，同一层位并且深度相近条件下煤中汞含量是泥页岩的 2~5 倍，因此不同来源的天然气中汞含量存在一定的差异性。对松辽盆地徐深气田和朝阳沟气田天然气中汞含量的分析表明，徐深气田 17 个天然气中汞含量分布在 $5\sim4050\mu g/m^3$，平均值为 $1148\mu g/m^3$（图 1）；对位于徐深气田东南部的朝阳沟气田而言，其 7 个天然气样品中汞含量分布在 $8\sim28\mu g/m^3$，平均值为 $21\mu g/m^3$。徐深气田天然中汞含量明显高于塔里木、四川、鄂尔多斯和松辽盆地朝阳沟气田，可能与深部汞侵入有关。

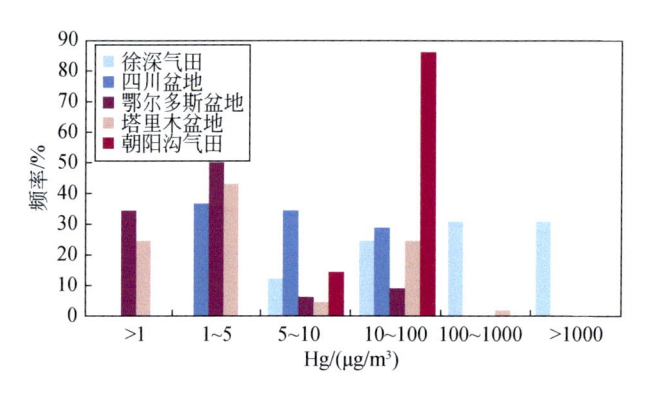

图 1 不同区块天然气中汞含量分布

3 天然气中汞来源与控制因素探讨

大气氦的同位素组成 R/R_a 记为 R_a，一般认为 R_a 分布在 $1.38×10^{-6}$～$1.4×10^{-6}$，计算时取 R_a 为 $1.4×10^{-6}$。天然气中氦气同位素值与空气中氦气同位素值的比值记为 R/R_a，R/R_a 是天然气中是否混有深部幔源流体的良好示踪指标（Hiroshi and Yuji，1983；陶士振等，2014；Dai et al.，2017）。当 R/R_a 值小于 0.1 时，四川盆地、鄂尔多斯盆地和塔里木盆地天然气为典型有机质形成的天然气，天然气中的汞主要来自腐泥型和腐殖型烃源岩热演化生烃过程中伴随的汞，汞以挥发组分的形式随天然气一起聚集在天然气藏中（陈践发等，2000，2001；Peng et al.，2019）。由图 2 可知，在 R/R_a 小于 0.1 时，含量分布在 $0.1～100μg/m^3$，来自腐泥型和腐殖型的天然气中汞含量基本保持不变。尽管戴金星等（1985，2001）通过统计国内外煤成气和油型气中汞含量发现煤成气中汞含量通常大于 $700ng/m^3$，油型气中汞含量小于 $600ng/m^3$。从塔里木盆地不同类型天然气中汞含量统计来看，煤成气确实比油型气中汞含量高（Liu，2013），但通过汞含量为 $500～700ng/m^3$ 作为界限值来判识油型气和煤成气可能过分地低估了油型气中汞含量。因此，利用天然气中汞含量鉴别天然气成因类型时需要慎重。

在塔里木盆地的部分次生气藏中，随着 R/R_a 值增加，尽管天然气既有油型气也有煤成气，但它们的汞含量均低于 $0.1μg/m^3$，如 LN2-33-1、JN4-H2、JF1-13-4、HD2-7、TZ4-18-7、TZ621 等井的油型气和 HQ2 井的煤成气。这些油型气气藏是下部早期聚集的油气通过二次调整运移至上部形成的次生气藏（Xiao et al.，1996；Wang et al.，2004）。因为汞具有很强的挥发性（Feng et al.，2008；Peng et al.，2019），在气藏调整过程中，汞极易散失（Liu，2013），从而造成上述部分气藏汞含量低。HQ2 井天然气为上覆三叠系—侏罗系烃源岩生成的煤成气下渗在奥陶系气藏中，为上生下储型气藏（Liu，2013），不利于汞向下聚集。因此，天然气遭受次生改造并不能引起天然气中汞富集，反而会发生汞散失。

当 R/R_a 值介于 0.1～1 时，如塔西南（AK1、KS102、和田河等）、松辽盆地朝阳沟地区，天然气中存在深部幔源气体的混入，但以有机质来源天然气为主（图 2），汞含量主要受有机质中汞含量控制，其次是深部幔源汞混入量的控制。当 R/R_a 值大于 1 时，如徐深气田，天然气以深部幔源气体为主，也存在有机质来源天然气的贡献。由于深部幔源汞含量异常高，因此，这类气藏中汞含量主要受深部幔源汞混入量的控制。

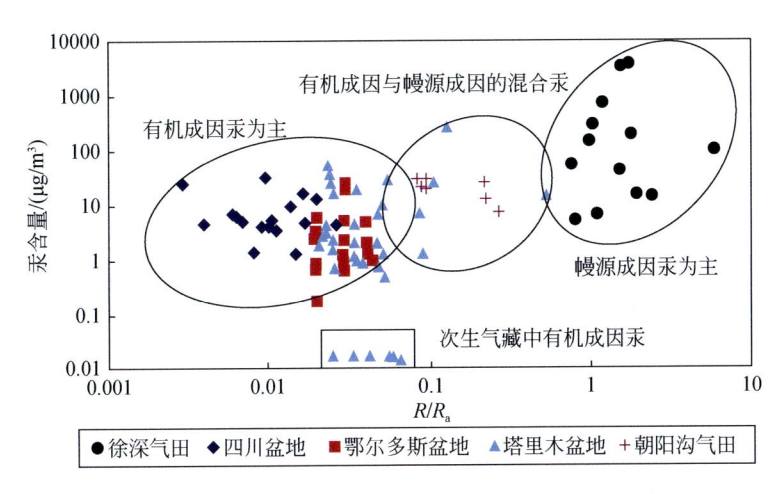

图 2 中国主要含油气盆地天然气中汞含量及 R/R_a 关系图

四川盆地和鄂尔多斯盆地为典型克拉通盆地，未见幔源组分混入（Dai et al.，2005；Ni et al.，2014），天然气为典型有机质热演化成因；塔里木盆地天然气主要来自腐泥型或者腐殖型有机质的热演化（图2）。鉴于有机成因的天然气中汞含量要明显低于幔源成因的天然气，笔者推测天然气中单质汞的含量可以作为地幔脱气的直接证据之一。四川盆地与鄂尔多斯盆地天然气中 R/R_a 值明显偏低，同时汞含量也偏低，而徐深气田天然气中汞含量明显偏高，对应的 R/R_a 值也明显偏高（图2）。徐深气田天然气中汞含量的变化是地幔脱气挥发分中汞贡献的不同所致。

前人研究表明有机成因烷烃气负碳同位素系列一般不会延伸至丁烷（Dai et al.，2016）。徐深气田天然气部分样品具有完整的负碳同位素系列，负碳同位素系列延伸至丁烷，即 $\delta^{13}C_1 > \delta^{13}C_2 > \delta^{13}C_3 > \delta^{13}C_4$，表明徐深气田天然气可能并不全是有机质热演化所形成（Liu et al.，2016）。前人常用 R/R_a、$CO_2/^3He$ 以及 $CH_4/^3He$ 等参数值常被用来建立典型壳源和幔源的端元标准解释天然气成因（Liu et al.，2019）。结合徐深气田 R/R_a 和 $CO_2/^3He$ 的相关关系（Liu et al.，2016）、异常重的烷烃气碳同位素组成以及完整的负碳同位素系列，综合推测徐深气田存在深部流体的混入，并且深部流体中包含一定量的汞和烷烃气。徐深气田（包括昌德气藏、新城气藏以及徐深21气藏等）天然气整体上具有异常高的汞含量，天然气中汞含量分布于 5~4050μg/m³，平均值为 1148μg/m³（图3）。具体到产气井，则表现为与断裂的连通性越好，产气井中天然气汞含量越高。在徐深气田发育多条断穿基底的大断裂，尤其是徐东大断裂、徐中大断裂以及徐西大断裂，分别直接沟通基底与徐深21气藏、新城气藏以及昌德气藏（图3），可作为汞等深部流体的直接运移通道。推测在深部流体运移通道发育的地质背景下，天然气中异常高的汞含量可以辅助指示气藏中汞可能主要来自深部流体。

4 结论

对我国4个主要含油气盆地146口钻井天然气中汞含量的分析表明，天然气中汞的含量差异较大，分布在 0.01~4050μg/m³。汞含量最高的井位于松辽盆地徐深气田，汞含量最低的气井位于塔里木盆地的次生气藏中。尽管天然气中汞既有有机来源，也有深部无机来源，但是在深部流体运移通道发育的地质背景下，天然气中汞含量异常高是气藏混有深部流体的直接证据之一。在稳定的克拉通盆地天然气中汞主要是有机成因，但是在裂谷盆地中，尤其是深大断裂存在的条件下，天然气中深部来源的汞含量可能与有机成因汞的含量不在一个数量级，从而可以掩盖少量的有机成因汞。

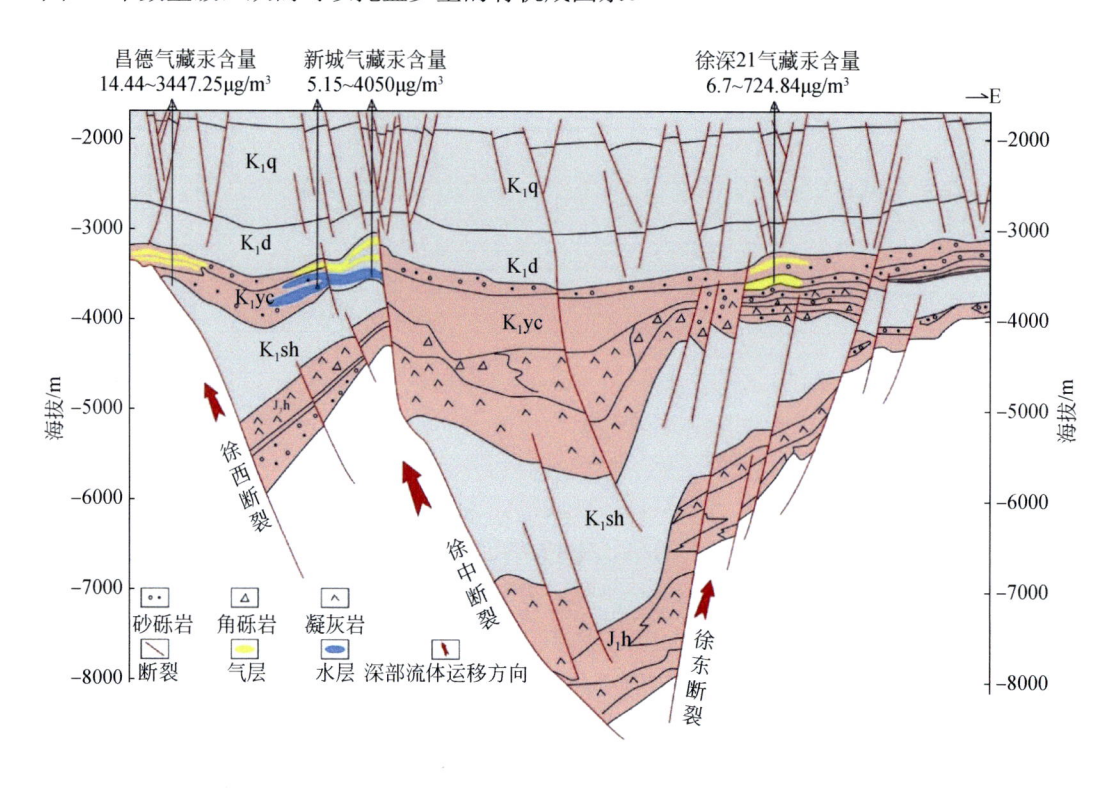

图 3　徐深气田流体运移剖面示意图

5　展望

虽然本文初步厘清含油气盆地天然气中汞的来源与分布特征，但是对于油气中汞的地球化学研究还处于起步阶段，如不同沉积环境下烃源岩及其形成油气中汞含量与同位素的差异；热演化程度对有机质中汞的富集有何影响；油气成藏过程对汞的富集有何影响；深部来源汞与有机成因汞如何区别等都是亟待解决的前沿科学问题。利用油气中汞的含量及其同位素组成有望对上述科学问题给予深入认识。

参 考 文 献

陈践发, 妥进才, 李春园, 等. 2000. 辽河坳陷天然气中汞的成因及地球化学意义. 石油探勘与开发, 27: 23-24.

陈践发, 王万春, 朱岳年. 2001. 含油气盆地中天然气汞含量的主要影响因素. 石油与天然气地质, 22: 352-354.

戴金星, 戚厚发, 宋岩. 1985. 鉴别煤成气和油型气若干指标的初步探讨. 石油学报, 6: 31-38.

戴金星, 戚厚发, 王少昌, 等. 2001. 我国煤系的气油地球化学特征、煤成气藏形成条件及资源评价. 北京: 石油工业出版社.

冯新斌, 洪业汤, 倪建宇. 1998. 贵州煤中汞的分布、赋存状态及对环境的影响. 煤田地质与勘探, 26: 12-14.

韩中喜, 李剑, 严启团, 等. 2013. 天然气汞含量作为煤型气与油型气判识指标的探讨. 石油学报, 34: 233-327.

李剑, 韩中喜, 严启团, 等. 2012. 中国气田天然气中汞的成因模式. 天然气地球科学, 23: 413-419.

刘全有. 2013. 塔里木盆地天然气中汞含量与分布特征. 中国科学: 地球科学, 43: 789-797.

涂修元, 吴学明, 陶庆才. 1986. 论我国天然气中汞分布的几个特征. 北京: 石油工业出版社: 305-314.

陶士振, 刘德良, 李振生, 等. 2014. 无机成因气. 合肥: 中国科学技术大学出版社.

徐永昌. 1994. 天然气成因理论及应用. 北京: 科学出版社.

徐永昌, 沈平, 刘文汇. 1998. 天然气中稀有气体地球化学. 北京: 科学出版社.

Bingham M D. 1990. Field detection and implications of Mercury in natural gas. SPE Product Eng, 5: 120-124.

Cortes-Maramba N, Reyes J P, Francisco-Rivera A T, et al. 2006. Health and environmental assessment of mercury exposure in a gold mining community in western Mindanao, Philippines. Journal of Environmental Management, 81: 126-134.

Dai J X, Li J, Luo X, et al. 2005. Stable carbon isotope compositions and source rock geochemistry of the giant gas accumulations in the Ordos Basin, China. Organic Geochemistry, 36: 1617-1635.

Dai J X, Ni Y Y, Gong D, et al. 2016. Geochemical characteristics of gases from the largest tight sand gas field (Sulige) and shale gas field (Fuling) in China. Marine and Petroleum Geology, 79: 426-438.

Dai J X, Ni Y Y, Qin S F, et al. 2017. Geochemical characteristics of He and CO_2 from the Ordos (cratonic) and Bohaibay (rift) Basins in China. Chemical Geology, 469: 192-213.

Ezzeldin M F, Gajdosechova Z, Masod M B, et al. 2016. Mercury speciation and distribution in an Egyptian natural gas processing plant. Energy & Fuels, 30: 10236-10243.

Feng X B, Foucher D, Hintelmann H, et al. 2008. Mercury isotopic ratios of soil and sediment samples collected from contaminated areas in China. Geochimica et Cosmochimica Acta, 72: 3292.

Frankiewicz T C, Curiale J A, Tussaneyakul S. 1998. The geochemistry and environmental control of mercury and arsenic in gas, condensate, and water produced in the Gulf of Thailand. AAPG Bulletin, 82: 3.

Haitzer M, Aiken G R, Ryan J N. 2002. Binding of mercury (II) to dissolved organic matter: The role of the mercury-to-DOM concentration ratio. Environmental Science & Technology, 36: 3564-3570.

Haselden G G. 1981. The challenge of LNG in the 1980's. Mechanical Engineering, 103: 46-53.

Hennico A, Barthel Y, Cosyns J, et al. 1991. Mercury and arsenic removal in the natural gas, refining and petrochemical industries. Oil Gas, 17: 36-38.

Hiroshi W, Yuji S. 1983. $^3He/^4He$ ratios in CH_4-rich natural gases suggest magmatic origin. Nature, 305: 792-794.

Leeper J E. 1980. Mercury—LNG's problem. Hydrocarbon Process, 59: 237-240.

Li J, Li Z, Wang X, et al. 2017. New indexes and charts for genesis identification of multiple natural gases. Petroleum Exploration and Development, 44: 535-543.

Li J, Han Z, Yan Q, et al. 2019. Distribution and genesis of mercury in natural gas of large coal derived gas fields in China. Petroleum Exploration and Development, 46: 463-470.

Liu Q, Dai J, Jin Z, et al. 2016. Abnormal carbon and hydrogen isotopes of alkane gases from the Qingshen gas field, Songliao Basin, China, suggesting abiogenic alkanes? Journal of Asian Earth Sciences, 115: 285-297.

Liu Q, Wu X, Wang X, et al. 2019. Carbon and hydrogen isotopes of methane, ethane, and propane: a review of genetic identification of natural gas. Earth-science Reviews, 190: 247-272.

Ni Y Y, Dai J X, Tao S Z, et al. 2014. Helium signatures of gases from the Sichuan Basin, China. Organic Geochemistry, 74: 33-43.

Ren D, Zhao F, Wang Y, et al. 1999. Distributions of minor and trace elements in Chinese coals. International Journal of Coal Geology, 40: 109-118.

Peng W, Liu Q, Feng Z, et al. 2019. First discovery and significance of liquid mercury in a thermal simulation experiment on humic kerogen. Energy & Fuels, 33: 1817-1824.

Phillips R L. 2003. Depositional environments and processes in Upper Cretaceous nonmarine and marine sediments, Ocean Point dinosaur locality, North Slope, Alaska. Cretaceous Research, 24: 499-523.

Ryzhov V V, Mashyanov N R, Ozerova N A, et al. 2003. Regular variations of the mercury concentration in natural gas. Science of the Total Environment, 304: 145-152.

Smith C N, Kesler S E, Klaue B, et al. 2005. Mercury isotope fractionation in fossil hydrothermal systems. Geology, 33: 825-828.

Tang S, Feng C, Feng X, et al. 2017. Stable isotope composition of mercury forms in flue gases from a typical coal-fired power plant, Inner Mongolia, northern China. Journal of Hazardous Materials, 328: 90-97.

Tang S, Zhou Y, Yao X, et al. 2019. The mercury isotope signatures of coalbed gas and oil-type gas: implications for the origins of the gases. Applied Geochemistry, 109: 104415.

Virtanen J K, Rissanen T H, Voutilainen S, et al. 2007. Mercury as a risk factor for cardiovascular diseases. Journal of Nutritional Biochemistry, 18: 75-85.

Wang T G, Li S M, Zhang S C. 2004. Oil migration in the Lunnan region, Tarim Basin, China based on the pyrrolic nitrogen compound distribution. Journal of Petroleum Science and Engineering, 41: 123-134.

Wastensson G, Lamoureux D, Sällsten G, et al. 2006. Quantitative tremor assessment in workers with current low exposure to mercury vapor. Neurotoxicology and Teratology, 28: 681-693.

Wongkasemjit S, Wasantakorn A. 2000. Laboratory study of corrosion effect of dimethyl-mercury on natural gas processing equipment. Journal of Corrosion Science and Engineering, 1: 12.

Xiao X, Liu D, Fu J. 1996. Multiple phases of hydrocarbon generation and migration in the Tazhong petroleum system of the Tarim Basin, People's Republic of China. Organic Geochemistry, 25: 191-197.

Zettlitzer M, Scholer R, Falter R. 1997. Determination of elemental, inorganic and organic mercury in North German gas condensates and formation Brines. Houston: Proceedings of Symposium on Oil and Gas Chemistry, SPE Paper No. 37260.

油气中汞的地球化学特征与科学意义[*]

刘全有，戴金星，李 剑，侯 路

1 油气中汞的分布

天然气、凝析气和原油中通常会含有汞和汞化合物[1-3]。通常认为，天然气中的汞主要来源于烃源岩，在气源岩热演化成烃过程中，汞以挥发组分的形式随天然气一起聚集在天然气藏中[4]。陆源有机质（如煤岩和碳质泥岩）相对富集汞，所以在腐殖型有机质形成的天然气中，汞含量明显高于混合型-腐泥型有机质形成的天然气[5]。中国中原、华北、长庆油田和崖 13-1 气田天然气汞含量统计表明（表 1），煤成气中汞含量明显高于油型气，主要原因是煤成气的生气母质（煤和分散腐殖质）对汞有较大的吸聚能力[5]。比较四川盆地某井煤与泥页岩的含汞量，发现同一层位、深度相近的煤含汞量高于泥页岩（表 2）[6]。中国辽河坳陷天然气中汞含量的变化表明油型气中高含汞通常受盆地（地区）构造控制，因为其气源岩的汞含量相对较低，因而来自地球深部的汞对天然气汞含量的贡献不易被掩盖[4]。Ryzhov 等连续观察与分析不同气井中的汞，发现天然气中汞含量变化具有周期性，造成这种周期性现象的原因可能与月潮周期有关[7]。

表 1 中原、华北、长庆油田和崖 13-1 气田天然气汞含量[5]

煤成气				油型气			
油（气）田	井号	层位	含汞量/(ng/m³)	油（气）田	井号	层位	含汞量/(ng/m³)
中原	文 23	Es$_4$	51100	中原	濮 1-95	Es$_4$上	431～905，平均 668（2）
	文 31	Es$_4$	1110		卫 27	Es$_{1-2}$	273
华北	苏 1	O$_2$	199000～204000 平均 2015000（2）	华北	文 25-33	Es$_2$	140000
	泽 43	O	180000～254000 平均 217000（2）		泉 2	Es$_3$	488
长庆	任 4	P$_1$x	936	长庆	京 256	Es$_4$	500
	任 6	P$_1$x	48000		马 27	Es$_4$	142000
	胜利	P$_1$	936～48000 平均 24468（2）		马 254	T	875
崖 13-1	崖 13-1-2	E	43000～45000 平均 44000（2）		红 11-32	J	3940
					马 401	T	75

注：括号内数据为样品数。

---

[*] 原载于《石油勘探与开发》，2006 年，第 33 卷，第 5 期，542～547。

表 2 四川盆地某井煤与泥页岩含汞量比较[6]

层位	井深/m	煤含汞量/(ng/g)	泥页岩含汞量/(ng/g)
T_3x_4	3140～3160	99	53
T_3x_4	3046～3069	246	52
T_3x_5	3017～3023	173	64
T_3x_5	2990～2995	266	114
T_3x_5	2938～2943	168	94
T_3x_5	2904～2909	159	61
T_3x_5	2894～2899	127	124
T_3x_5	2893～2899	119	68
T_3x_5	2865～2877		68
T_3x_5	2868～2869	35	

2 油气中汞的存在形式

表 3 为汞在烃中的存在形式与丰度变化[8]。由于分析技术上的原因，有些汞化合物可能未被检测出来。天然气中汞含量一般未达到汞在天然气中的最大溶解度，因此，汞主要以游离态存在，而且丰度较低（仅在美国得克萨斯州的 1 个气田中发现汞含量达到饱和，且呈液态产出，气藏中汞处于气、液平衡状态[3,8]）。

表 3 汞在烃中的存在形式与丰度变化

分子式	煤岩	天然气	凝析气	原油
Hg	未检测	10%～50%	10%～50%	10%～50%
$(CH_3)_2Hg$	?	<1%	<1%	<1%（?）
$HgCl_2$	10%～50%（?）	未检测	10%～50%	10%～50%
HgS	>50%	未检测	悬浮	悬浮
HgO	<1%	未检测	未检测	<1%
CH_3HgCl	?	未检测	<1%（?）	<1%（?）

注：表中数字为不同形态汞占总汞的百分数（相对含量）。

天然气中汞一般为游离态。但是凝析气中汞的形态较多，包括游离汞、汞离子和有机汞[3,9]。在凝析气中，汞含量为 $10×10^{-9}$～$3000×10^{-9}$ [9]。表 4 为东南亚凝析油在不同沸点馏分中汞含量占凝析油总汞的百分含量[9]。

有机汞主要存在于液态烃类组分中，天然气中二甲基汞含量很小，在总汞中的相对含量可能小于 1%[10]，因此，即使二甲基汞存在，也应存在于凝析气或原油中。对于二甲基汞化合物的存在仍有争议。在总汞量分析中，当无法用已知汞化合物进行质量平衡时，才会提到二烷基汞化合物。虽然有时可直接检测到二甲基汞化合物，但其丰度非常低。

表 4 不同沸点馏分中汞含量占凝析油总汞的百分含量

分割温度范围/℃	组分名称	馏分中汞占凝析油总汞的百分含量/%
<36		8.9
36~100	汽油	27.6
100~170	汽油	33.8
170~260	煤油	16.0
260~330	柴油	7.4
>330	残留物	6.3

在油气混合物中，汞化学形式之间可能相互转化。例如，在井口的油气混合物中，游离汞与硫或汞离子与 H_2S 反应形成颗粒状 HgS 而滞留在井口的设备中。

汞在油气中的含量很大程度上由其溶解度决定。由图 1 可见，随着温度升高，汞在正构烷烃中的溶解度呈线性变化。

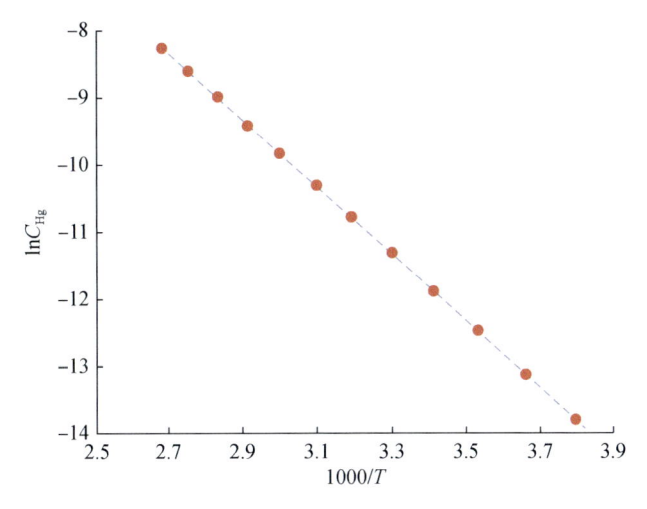

图 1 正构烷烃中汞溶解度随温度变化图[3]

C_{Hg}. 汞含量，mol/kg；T. 温度，K

原油中，悬浮汞在总汞中占有一定比例，因此，在分析检测前需要对原油进行过滤以除去悬浮汞。在已发表的关于烃类中汞含量变化的文献中，一般未说明样品采集和分析过程（包括过滤、分离和在空气中暴露情况），很难判断测试的总汞中是否包括悬浮汞。液态烃中汞含量变化很大，有时凝析油和原油中游离汞饱和度可达 $1×10^{-6}$~$4×10^{-6}$。加上悬浮汞，汞离子和有机汞在原油中的含量可达 $5×10^{-6}$。在东南亚的凝析气中总汞含量达到 $10×10^{-9}$~$800×10^{-9}$ [8]。由图 2 可见，游离态汞在所有样品中的含量均小于总汞的 25%；凝析气中主要为汞离子，可检测出二烷基汞化合物（相对含量大于 10%）和烷基类化合物，但一烷基类化合物丰度明显低于二烷基类化合物。

Zettlitzer 等采用两种方式测试分析了油气中汞的种类，也发现一甲基化合物丰度很低[11]。Frech 等对两个凝析油样品的分析也表明，大多数汞以离子形式存在，二烷基类化合物相对含量大于 10%，而一烷基化合物相对含量低于 1%[12]。Schlickling 等分析了两个凝析油样品，也发现了类似的现象[13]。Bloom等认为油气中汞主要以可溶形式存在于油气中，如汞和汞离子[14]。事实上，在一些样品中确实能检测到二烷基类化合物，但丰度一般很低（小于 10^{-12}）。

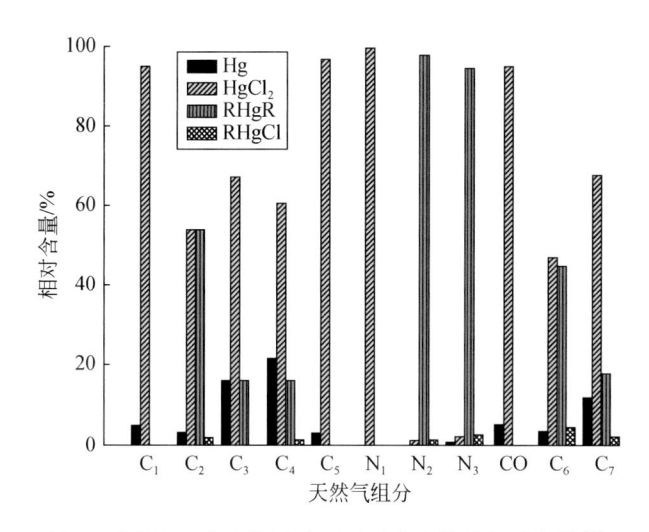

图 2 凝析气、蒸和原油中汞及汞化合物的相对含量[9]

Snell 等研究了合成的凝析气中汞类化合物的稳定性，发现 Hg 与 $HgCl_2$ 反应生成了不溶于烃类的化合物 Hg_2Cl_2 而沉淀[15]。常温下，该反应的半衰期为 10 天。Bloom 等研究了装在玻璃容器中石蜡油样品的稳定性，发现 Hg，$HgCH_3^+$ 和 $Hg(CH_3)_2$ 在石蜡中不稳定，Hg 和 $HgCl_2$ 在原油中不稳定[14]，这一结果似乎支持了 Snell 等关于 Hg 与 $HgCl_2$ 反应形成不溶物 Hg_2Cl_2 的推测[15]。

当烃类物质暴露在含氧环境中，或用不纯的化学试剂进行处理时，汞可能会发生氧化[3]，则烃类样品中高丰度汞离子的存在主要是样品采集、存放和分析测试过程中人为因素造成的。一般在新鲜的原油和凝析气中，汞主要以游离态存在，而不是在地质烃类中通过还原形成的（离子汞和有机汞不可能转化为游离汞）[3]。在油气与水的分离过程中，多数汞离子应该存在于水溶液中，但实际分离出的水中可溶汞丰度很低，而分离后的烃类中却含有大量汞离子化合物。比较油、气中汞的丰度变化发现，油、气中的汞均以游离态为主，说明油气藏中的汞主要以游离态存在，而离子汞是由游离汞衍变来的（其具体形成机理有待进一步研究）。如果烃类样品中的汞离子是人为因素造成的，那么以前关于汞化合物的研究就值得商榷。而原油和凝析气中高丰度二烷基汞的存在也值得怀疑。

3 油气中汞的主要成因

研究油气中汞的地质成因对油气藏中汞含量和附存形式预测、油气源对比、油气成因类型判识和减少因汞引起的各种设备破坏、环境污染和食品安全等具有重要实践与科学意义[2-4, 6-8, 16]。受分析技术和样品采集等诸多因素影响，关于油气中汞及汞化合物的附存形式缺乏有力的数据，使得在许多主要含油气盆地中对汞的预测较为困难。已有关于汞的报道也存在一定的不确定性和不充分性，且关于油气中汞的成因方面报道较少。

戴金星等对 12 个盆地（四川、渤海湾、鄂尔多斯、江汉、南襄、苏北、琼东南、松辽、中欧、北高加索、卡拉库姆和德涅波-顿涅茨）煤成气和油型气中汞含量进行了统计[5]，其中 8 个盆地 32 个气田（或构造）102 个煤成气样品汞含量为 10～3000000ng/m³，通常大于 700ng/m³，算术平均值为 79605ng/m³，中欧赤底统煤成气中汞含量高达 3000000ng/m³；中国 7 个盆地 29 个气（油）田（或构造）242 个油型气样品汞含量为 4～142000ng/m³，一般小于 600ng/m³，其中 49 个样品汞含量算术平均值为 6875ng/m³。对比表明，煤成气的汞含量最高值、最低值和平均值均比油型气的高[17]。

  有两种假说解释煤成气中的高汞含量：①煤系成因。如中欧盆地赤底统聚煤气中的汞[18]。腐殖质对汞有很强的吸附作用，因此泥炭或腐殖质沉积中汞丰度高。在成煤作用过程中泥炭与腐殖质沉积分别成为煤层与碳质泥岩或泥岩，随着成煤作用加深伴有成气作用，汞有高挥发性，与煤成气中其他组分一起从煤层或碳质泥岩中运移出来。该假说的依据是，德国东汉诺威地区赤底统煤层气含汞量与上石炭统含煤量有关，该区西部上石炭统含煤性较好，而聚煤气中的汞含量也最高[18]。②岩浆成因。如处于吉弗尔恩-柳别克断裂、加尔德列根维坚别尔克断裂、加里东基底与海西基底之间被太古宇岩石复杂化了的边界断裂这 3 条深大断裂切部位的德国武斯特洛夫气田，以及与之接壤的阿尔特马克地区扎尔茨维捷尔气田，这两个气田汞含量高，因为大断裂交切地段具有强渗透性，有利于汞从深部向上运移[18]。在深切地幔的深断裂和大断裂带，汞与其他挥发性组分伴随着岩浆上升，并与煤层、煤系结合在一起演变成煤成气的一部分。W. 菲利普等在研究东汉诺维地区聚煤气中汞成因时，考虑到德国西部萨尔-纳厄盆地中几百年来曾陆续开采过 20 多个小型露天辰砂矿，辰砂的产出与赤底统火山岩有密切关系，且煤、火山岩和天然气中汞的分布广泛且很不稳定，因此认为汞蒸气为岩浆成因[18]。

  岩浆成因汞对部分特殊地区具有一定控制作用，但在稳定的克拉通盆地（如鄂尔多斯盆地），煤成气中汞含量要比油型气中的高，主要是由于煤和分散腐殖质型有机质对汞有较大的吸聚作用[17]。鄂尔多斯盆地并没有深大断裂存在，天然气中汞含量最高也可达 48000ng/m³。煤系中汞主要与黄铁矿相关，而油气中汞可能来源于可以从空气中吸收汞的有机物种，但古大气中汞的沉积速率无法探知。虽然火山活动也对古大气有重要贡献，但无法仅从大气沉积形成的有机物种中的汞解释石油中大量汞的存在，一种可能的假设是油气中的汞可能来源于地壳[8]，它们在压力和热力作用下释放出来，并以汞蒸汽形式进入油气藏[4]。

  对天然气藏中汞的成因研究还很不够。汞在天然气中含量变化较大（表 5），为 0～300000ng/m³。在中国辽河坳陷，汞含量明显偏高。辽河坳陷东部凹陷天然气汞含量为 14000～70000ng/m³，天然气类型为煤成气；但西部凹陷天然气汞含量为 41000～1930000ng/m³，最高达 1930000ng/m³，天然气属油型气[4]。西部凹陷异常高汞含量是气藏受深部构造控制而形成的[4]。Bailey 等根据美国加利福尼亚州 San Joaquin Valley 油田附近存在有热液成因汞矿及原油中含有汞的现象，认为其中汞为热液成因。德国北部 Rotliegand 砂岩储集层气藏天然气中的汞来源于下伏的火山岩[11]。泰国海湾天然气和凝析气中的汞来源于煤岩和碳质页岩[19]。

表 5 天然气中汞含量数据表

地点	气田或凹陷	汞含量/(ng/m³)
荷兰	不详	0～300000[20]
苏门答腊岛	Arun	180000～300000[21]
南非	不详	100000[22]
中东	不详	<50000[22]
远东	不详	50000～300000[22]
德国	武斯特洛夫	1000000～3000000[5]
	阿纳文	200000～300000[5]
	格罗宁根	180000[5]
中国辽河坳陷	东部凹陷	14000～70000[4]
	西部凹陷	41000～1930000[4]

4 油气中的汞同位素组成

利用油气中稳定同位素变化特征成功地建立了油气源对比、油气类型判识、油气成熟度预测以及确定构造与深部活动对油气藏的影响等方法[5,15,23-25]。关于油气中汞同位素的报道极少，除了分析技术上的原因，关于汞同位素在自然环境中是否通过物理、化学和生物过程进行分馏也没有明确的答案，因为传统的观点是汞同位素在自然界是不变的。随着分析手段的多样化和仪器分析精度的提高，认识到来源不同的汞同位素存在一定的差异[26,27]。可以利用汞同位素的差异进行指纹判识，从而指示环境污染状况。汞同位素分馏很小，且关于汞同位素分馏还没有建立统一的标准，使得不同分析仪器和分析过程产生的结果无法进行对比[26]。没有放射成因汞，所以汞同位素的任何变化均属于自然分馏过程。轻质量数的汞要比重质量数的汞反应速率快。这样因质量数差异的分馏现象就会导致在不可逆反应中形成富轻同位素产物。物理过程（如蒸发、凝析、溶解、结晶、吸附、解析和扩散过程等）也能引起同位素分馏[26]。包括化学反应在内的生物过程也能引起同位素分馏。在生物反应过程中，汞同位素分馏会发生在甲基化过程中[27]。

由于汞同位素分馏很小，过去很难准确测试汞同位素的微小变化。近年发展起来的电感耦合等离子体质谱仪（inductively coupled plasma mass spectrometry，ICP-MS）可以满足汞同位素数值分析的需要[26,28-31]。随着电感耦合等离子体质谱仪的不断改进，最近又发展出了多收集器电感耦合等离子体质谱仪（multi-collector inductively coupled plasma mass spectrometry，MC-ICP-MS）[32-34]。

5 天然气中汞的研究意义

在油气燃烧和加工过程中，油气中汞不断地释放到空气中，因此油气燃烧已经被认为是空气中汞的主要来源。而空气中汞通过各种途径转化为各种形式的汞化合物进入土壤、水以及动植物体等[3]。这样，汞不仅对环境造成污染，对人类健康和饮用食品等也可能构成影响。由于汞的吸附作用，在油气运输、加工以及利用油气发电等过程中，汞会吸附在某些设备上而造成仪器不能正常工作,甚至会造成破坏性事故[35-36](图3)。1973年阿尔及利亚的一个液化天然气厂因铝受热转化器故障而发生重大事故,调查发现该事故是由于天然气中汞腐蚀引起的;同时,该天然气田的东、西方向均发生了类似的事故,造成大量设备损坏[36]。在有少量水的情况下,会加速天然气中的有机汞对输送天然气钢管和铝管的腐蚀作用。如果天然气中有少量H_2S和HCl存在,有机汞的催化腐蚀作用会成倍增加,在很短时间内就会对设备造成破坏[37]。

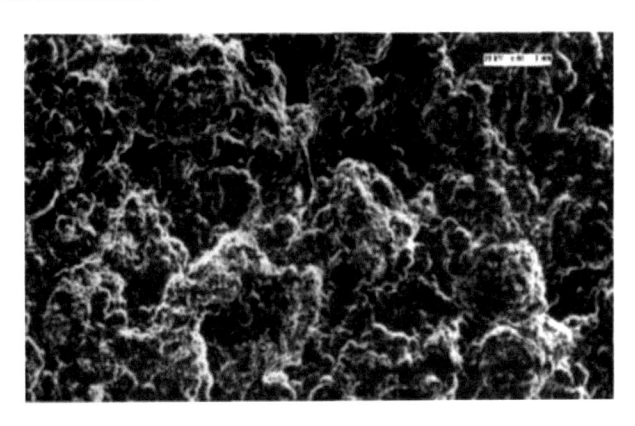

图3 汞对天然气管道腐蚀示意图[37]

6 结语

目前对油气中汞的研究仍集中在汞丰度与物种检测及脱汞技术方面。中国不同含油气盆地中天然气汞含量略有不同。一般煤型气的汞含量要高于油型气[5],将油型气汞含量低于600ng/m^3、煤型气中汞含量高于700ng/m^{3}作为识别天然气类型的一个辅助指标。深部构造控制的油气藏,天然气中汞含量会明显增加[4]。

文献报道中并没有详细论述油气中汞的取样方式,同一井段天然气中汞含量分析结果可相差一个数量级,因此取样方式不同,可能导致油气中汞含量分析不准确,进而影响天然气成因类型的判识。在研究区域进行样品采集时,应采用一种方法,并对采集过程进行详细记录,以便对数据进行合理分析与应用。

参 考 文 献

[1] 陈践发, 王万春, 朱岳年. 含油气盆地中天然气汞含量的主要影响因素. 石油与天然气地质, 2001, 22(4): 352-354.

[2] 涂修元. 河南泌阳坳陷天然气中汞的分布. 石油与天然气地质, 1980, 1(3): 241-247.

[3] Wilhelm S M, Bloom N. Mercury in petroleum. Fuel Processing Technology, 2000, 63(1): 1-27.

[4] 陈践发, 妥进才, 李春园, 等. 辽河坳陷天然气中汞的成因及地球化学意义. 石油勘探与开发, 2000, 27(1): 23-24.

[5] 戴金星, 戚厚发, 王少昌, 等. 我国煤系的油气地球化学特征、煤成气藏形成条件及资源评价. 北京: 石油工业出版社, 2001.

[6] 涂修元, 吴学明, 陶庆才. 论我国天然气中汞分布的几个特征. 见: 中国石油学会石油地质委员会. 有

机地化和陆相生油. 北京: 石油工业出版社, 1986: 305-314.

[7] Ryzhov V V, Mashyanov N R, Ozerova N A, et al. Regular variations of the mercury concentration in natural gas. The Science of The Total Environment, 2003, 304(123): 145-152.

[8] Wilhelm S M. Estimate of mercury emissions to the atmosphere from petroleum. Environmental Science & Technology, 2001, 35(24): 4704-4710.

[9] Sarrazin P, Cameron C J, Bart hel Y, et al. Processes prevent detrimental effects from As and Hg in feedstocks. Oil & Gas Journal, 1993, 25(1): 86-90.

[10] Tao H, Murakami T, Tominaga M, et al. Mercury speciation in natural gas condensate by gas chromatography inductively coupled plasma mass spectrometry. Journal of Analytical Atomic Spectrometry, 1998, 13(10): 1085-1093.

[11] Zettlitzer M, Scholer R, Falter R. Determination of elemental, inorganic and organic mercury in North German gas condensates and formation brines. SPE 37260, 1997.

[12] Frech W, Baxter D C, Bakke B, et al. Determination and speciation of mercury in natural gases and gas condensates. Analytical Communications, 1996, 33(5): 7-9.

[13] Schickling C, Broekaert J. Determination of mercury species in gas condensates by on line coupled high performance liquid chromatography and cold vapor atomic absorption spectrometry. Applied Organometallic Chemistry, 1995, 9: 29-36.

[14] Bloom N S. Analysis and stability of mercury speciation in petroleum hydrocarbons. Fresenius Journal of Analytical Chemistry. , 2000, 366(5): 438-443.

[15] Snell J, Qian, J, Johansson M, et al. Stability and reactions of mercury species in organic solution. Analyst, 1998, 123(5): 905-909.

[16] 徐永昌. 天然气成因理论及应用. 北京: 科学出版社, 1994.

[17] 戴金星, 戚厚发, 宋岩. 鉴别煤成气和油型气若干指标的初步探讨. 石油学报, 1985, 6(2): 31-38.

[18] 戴金星. 煤成气的成分及其成因. 天津地质学会志, 1984, 2: 11-19.

[19] Frankiewicz T C, Curiale J A, Tussaneyakul S. The geochemistry and environmental control of mercury and arsenic in gas, condensate, and water produced in the Gulf of Thailand. Annual AAPG Convention Extended Abstract No. A209. Tulsa: AAPG, 1998.

[20] Gijselman P B. Presence of mercury in natural gas: an occupational health program. The First International Conference on Health, Safety and Environment in the Hague. Netherlands: Society of Petroleum Engineers, 1991: 123-130.

[21] Muchlis M. Analytical methods for determining small quantities of mercury in natural gas. Proceeding of the Annual Convention of the Indonesian Petroleum Association, Jakarta: Indonesian Petroleum Association, 1981: 401-421.

[22] Hennico A, Barthel Y, Cosyns J, et al. Mercury and arsenic removal in the natural gas, refining and petrochemical industries. Oil Gas European Magazine, 1991, 17: 36-38.

[23] Tissot B T, Welte D H. Petroleum Formation and Occurrences. Berlin: Springer, 1984.

[24] Schoell M. Genetic characterization of natural gas. AAPG Bulletin, 1983, 67: 2225-2238.

[25] Galimov E M. Sources and mechanisms of formation of gaseous hydrocarbons in sedimentary rocks. Chemical Geology, 1988, 71: 77-95.

[26] Evans R D, Hintelmann H, Dillon P J. Measurement of high precision isotope ratios for mercury from coals using transient signals. Journal of Analytical Atomic Spectrometry, 2001, 16(9): 1064-1069.

[27] Jackson T A, Muir D C G, Vincent W F. Historical variations in the stable isotope composition of mercury in Arctic Lake sediments. Environmental Science & Technology, 2004, 38(10): 2813-2821.

[28] Sturup S, Chen C, Jukosky J, et al. Isotope dilution quantification of $^{200}Hg^{2+}$ and $CH_3{}^{201}Hg^+$ enriched species-specific tracers in aquatic systems by cold vapor ICPMS and algebraic deconvoluting. International Journal of Mass Spectrometry, 2005, 242: 225-231.

[29] Lauretta D S, Klaue B, Blum J D, et al. Mercury abundances and isotopic compositions in the Murchison (CM) and Allende (CV) carbonaceous chondrites. Geochimica et Cosmochimica Acta, 2001, 65(16): 2807-2818.

[30] Haraldsson C, Lyven B, Ohman P, et al. Determination of mercury isotope ratios in samples containing subnanogram amounts of mercury using inductively coupled plasma mass spectrometry. Journal of Analytical Atomic Spectrometry, 1994, 9: 1229-1232.

[31] Yoshinaga J, Morita M. Determination of mercury in biological and environmental samples by inductively coupled plasma mass spectrometry with the isotope dilution technique. Journal of Analytical Atomic Spectrometry, 1997, 12: 417-420.

[32] Hintelmann H, Lu S. High precision isotope ratio measurements of mercury isotopes in cinnabar ores using multi-collector inductively coupled plasma mass spectrometry. Analyst, 2003, 128(6): 635-639.

[33] Krupp E M, Donard O F X. Isotope ratios on transient signals with GC-MC-ICP-MS. International Journal of Mass Spectrometry, 2005, 242(2-3): 233-242.

[34] Xie Q, Lu S, Evans D, et al. High precision Hg isotope analysis of environmental samples using gold trap-MC-ICP-MS. Journal of Analytical Atomic Spectrometry, 2005, 20(6): 515-522.

[35] Shafawi A, Ebdon L, Foulkes M, et al. Determination of total mercury in hydrocarbons and natural gas condensate by atomic fluorescence spectrometry. Analyst, 1999, 124(2): 185-189.

[36] Leeper J E. Mercury-LNG's problem. Hydrocarbon Processing, 1980, 59: 237-240.

[37] Wongkasemjit S, Wasantakorn A. Laboratory study of corrosion effect of dimethyl-mercury on natural gas processing equipment. Journal of Corrosion Science and Engineering, 2000, 1: 12.

塔里木盆地天然气中汞含量与分布特征[*]

刘全有

0 引言

关于天然气中汞的存在早在20世纪80年代中期,苏联学者H. A. Озерова[1]认为石油、天然气田中含汞十分普遍。天然气在燃烧和加工过程中,汞会不断地释放到空气中。因此,油气燃烧已经被认为是空气中人类造成汞释放的主要来源。而空气中汞又通过各种途径转为各种形式的汞化合物进入土壤、水以及动植物体等[2]。这样,汞不仅对环境造成污染,而且对人类健康和饮用食品等也可能构成影响。同时,由于汞的吸附作用,在油气运输、加工以及利用天然气进行发电等过程中,汞吸附在某些设备上而造成仪器不能正常工作,甚至会造成破坏性事故[3,4]。关于天然气中汞的影响直到1973才有相关报道,因为在阿尔及利亚的一个液化天然气厂因铝受热转化器故障而发生重大事故,调查发现是由于天然气中汞腐蚀引起的[4]。通常认为,天然气中的汞主要来源于烃源岩,在气源岩热演化成烃过程中,汞以挥发组分的形式随天然气一起聚集在天然气藏中[5-6]。戴金星等[7]曾统计了国内外12个盆地(四川、渤海湾、鄂尔多斯、江汉、南襄、苏北、琼东南、松辽、中欧、北高加索、卡拉库姆和德涅波-顿涅茨)煤型气(又称煤成气)和油型气中汞含量,8个盆地32个气田或构造上102个煤型气汞含量为10~3000000ng/m³,通常大于700ng/m³,其中在中欧的赤底统的煤型气中汞含量达3000000ng/m³。我国7个盆地29个气(油)田或构造上242个油型气汞含量为4~142000ng/m³,一般小于600ng/m³。辽河盆地东部凹陷的天然气中汞含量为14000~70000ng/m³,天然气类型为煤型气;但在西部凹陷的天然气中汞含量为41000~1930000ng/m³,最高达1930000ng/m³,天然气属油型气[5]。中国中原、华北、长庆油田和崖13-1气田天然气中汞含量统计表明[7],煤型气汞含量明显高于油型气。腐殖质对汞有很强的吸附作用,汞在泥炭或腐殖质沉积中丰度高。在成煤作用过程中,泥炭与腐殖质沉积分别成为煤层与碳质泥岩或泥岩。随着成煤作用加深伴有气体生成,汞的高挥发性使得其与煤型气中其他组分从煤层和碳质泥岩中一起运移出来。这样,腐殖型有机质形成的煤型气中汞含量明显高于混合型-腐泥型有机质形成的天然气[7]。同时,由于在深切地幔的深断裂和大断裂带,汞与其他挥发性组分伴随着岩浆上升,并与有机质生成的天然气混合在一起,从而演变成天然气藏中的一个部分。

虽然关于自然界中汞的地球化学国内外做了许多工作,但对于天然气中汞的研究十分薄弱。由于分析技术和样品采集等诸多因素,关于油气中汞及汞化合物的附存形式缺乏有力的数据,使得在许多主要含油气盆地中对汞的预测较为困难。同时,已有关于汞的报道

---

[*] 原载于《中国科学:地球科学》,2013年,第43卷,第5期,804~812。

也存在一定的不确定性、不充分性和不易对比性[8-10]。由于汞对环境的污染具有累积效应，一旦造成污染将很难彻底消除。所以，天然气中汞含量的高低直接关系到输送管线的安全性、沿线居民身体健康和生态环境污染，以及利用天然气进行发电等其他用途中设备腐蚀情况。近年来，随着我国天然气工业大发展，用气城市大量增加，城市用户大量增加，铺设管线大量增加。塔里木盆地作为"西气东输"主要供气区，天然气中汞含量以及分布特点显得尤为重要。本文在对塔里木盆地19个主要油气田（藏）41口井天然气样品采集（图1），结合天然气组分、稳定同位素（碳氢）和 $^3He/^4He$ 值，系统分析了天然气中汞含量变化，力图理清天然气成因类型、沉积环境、构造活动以及储层特征对天然气中汞含量的影响，为合理预测和预处理天然气中汞提供科学依据。

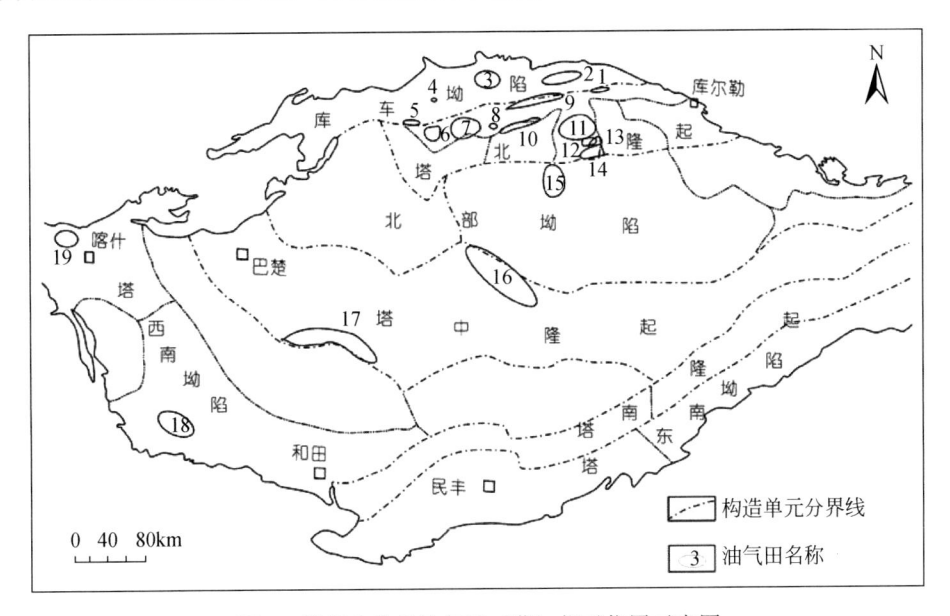

图 1 塔里木盆地油气田（藏）相对位置示意图

油气田编号与名称：1.提尔根；2.迪那；3.克拉2；4.大宛齐；5.却勒1；6.羊塔克；7.英买力；8.红旗区；9.牙哈；10.东河塘；11.轮南；12.轮古；13.解放渠；14.吉拉克；15.哈德逊；16.塔中；17.和田河；18.柯克亚；19.阿克1

1 采集与测试方法

本次研究的所有样品均为现场（井场）采集。采集装置主要装置包括捕汞管、流量计（0～250mL/min）、干燥管、秒表、量筒、敞口瓶以及其他辅助设备。利用橡胶管将干燥管、流量计和捕汞管依次连接，然后与天然气管道关口连接。从捕汞管通过的气体利用排水法进行体积测量。为了有效地吸附天然气中的汞，气体流速一般控制在200mL/min，流速波动小于5mL/min，取样时间为15min。如果天然气流速太快会影响捕汞管对汞的有效吸附。捕汞管由中国科学院兰州地质研究所研制，大小为8mm×315mm，金丝10g，含金纯度99.999%，最大汞的饱和量为45.3μg，吸附率是94%～97%，解析率是92%。关于天然气中汞吸附方法，徐永昌[11]曾做过详细报道。

捕汞管采集汞后，把捕汞管在加热炉加热到800℃左右脱附汞30s形成汞蒸汽并在Ar/空气作为载气直接吹入仪器进行分析测试，载气流速一般为0.5L/min。测试汞仪器为XG-4

塞曼测汞仪，检测限均小于 0.02ng。测试的积分值通过汞标准曲线计算出汞的绝对量，然后利用气体体积获得天然气中单位体积的汞含量。通过对同一采样点对比分析，天然气中汞含量分别为 112.3ng/m³ 和 114.8ng/m³，误差小于 3%[12]。

2 塔里木盆地天然气中 Hg 含量特征

塔里木盆地各构造单元天然气中汞含量变化很大（表1），分布范围为 14.2～296763.0 ng/m³，平均汞含量为 15396.1ng/m³；而各构造单元天然气中汞含量变化不一；库车坳陷 17 个样品汞含量变化范围为 15.0～56964.3ng/m³，平均值为 11793.7ng/m³；塔北隆起 12 个天然气样品汞含量变化范围为 16.1～28108.8ng/m³，平均值为 6725.8ng/m³；北部坳陷 2 个样品（主要为哈德逊油气田）汞含量变化范围为 17.7～3339.5ng/m³，平均值为 1678.6ng/m³；塔中隆起主要包括塔中地区和和田河气田的 8 个天然气样品汞含量变化范围为 14.2～20220.6ng/m³，平均值为 4311.1ng/m³；而塔西南坳陷样品采自柯克亚油气田和阿克 1 井，2 个样品的汞含量变化范围为 15428.5～296763.0ng/m³，平均值为 156095.7ng/m³。从表 1 可见，塔里木盆地各构造单元的天然气中汞含量具有明显的区域性不同，一般具有盆地边缘汞含量高，盆地中心汞含量偏低，如库车坳陷和塔西南坳陷汞含量明显高于中央的北部坳陷和中央隆起。

表 1 塔里木盆地天然气组分、稳定同位素以及汞含量数据表

构造单元	气田(藏)名称	井号	井深/m	产层	储层岩性	取样温度/℃	Hg 含量/(ng/m³)	$\delta^{13}C_1$	$\delta^{13}C_2$	$\delta^{13}C_3$	δD_1	N_2	CO_2	C_1	C_2	C_3	$^3He/^4He$值/10⁻⁸
库车坳陷	克拉2	Kela203	4050	E	砂岩	26	4323.0	−27.3	−18.5	−19	−155	0.58	0.66	97.86	0.82	0.05	4.9
		Kela2-8		E	砂岩	26	4217.1	−27.3	−18.5	−19.5	−156	0.62	0.54	97.96	0.82	0.05	3.08
		Kela2-7		E	砂岩	32	4697.7	−27.6	−18	−19.9	−154	0.69	0.05	98.41	0.8	0.05	4.06
	大宛齐	DW117-3	518	N_{1-2}、K	砂岩	31	1165.0	−32.8	−21.6	−21.2	−178	4.53	0	88.31	4.72	1.53	1.96
		DW109-19	461	N_{1-2}、K	砂岩	30	1403.5	−29.7	−21.9	−21.2	−160	2.01	0	90.04	5.49	1.5	3.36
	却勒	QL1	5930	K	砂岩	34	1012.7	−31.2	−23.2	−22.8	−163	2.5	0.17	84.38	6.8	3.23	5.32
	羊塔克	YTK5-3		K	砂岩	38	1263.2	−34.7	−23.6	−21.6	−168	2.29	0.32	85.97	6.91	2.76	7.14
		YTK5-2		E	砂岩	34	707.5	−34.2	−24.1	−22.8	−166	3.09	0.14	83.1	6.94	3.67	6.72
	英买力	YM7-H1		E	砂岩	30	1386.6	−32.4	−22.7	−19.8	−160	2.58	0.12	90.14	4.62	1.27	7.28
	红旗区	HQ2	5540	O	砂岩	27	15.0	−33.4	−22.6	−22.2	−169	2.98	0.51	84.06	6.73	2.95	9.1
	牙哈	YH1	5600	K	砂岩	26	1604.3	−30.9	−21.8	−22.3	−179	1.82	1.63	83.32	5.66	2.39	4.76
		YH23-1-18		K	砂岩	23	750.0	−31.7	−23	−20.6	−181	3.74	0.47	86.46	5.8	2.17	3.5
		YH23-1-14		K	砂岩	23	37069.0	−32.3	−23.2	−20.4	−180	3.77	0.26	85.89	6.23	2.24	3.36
		YH701	6000	E	砂岩	30	27219.3	−32.8	−23.3	−21	−180	4	0.22	86.2	5.66	2.24	3.92
	迪那	DN102	5768.11	N	砂岩	30	17652.3	−33.5	−21.1	−19.7	−172.229	0.48	0.35	89.23	6.64	1.93	3.5

续表

构造单元	气田（藏）名称	井号	井深/m	产层	储层岩性	取样温度/℃	Hg含量/(ng/m³)	$\delta^{13}C_1$	$\delta^{13}C_2$	$\delta^{13}C_3$	δD_1	N_2	CO_2	C_1	C_2	C_3	$^3He/^4He$ 值/10^{-8}
库车坳陷	提尔根	TRG101	5298	K	砂岩	28	39042.6	-32.8	-23.4	-21.1	-191	2.22	0.31	86.65	6.31	2.74	3.5
		TRG1	4839.5	E	砂岩	26	56964.3	-35.4	-22.7	-20.9	-189	2.1	0.28	85.36	7.03	2.98	3.36
塔北隆起	东河塘	DH12	5808.88	O	白云岩	44	28108.8	-32.4	-32.9	-23.8	-169	3.14	0.38	84.15	6.48	2.85	7.56
		DH23	5700	P	砂岩	36	27181.4	-40	-32.3	-30.3	-176	3.59	1.62	79.98	7.39	4.17	14.8
		DH1	6001.15	D	砂岩	32	10308.6	-40.4	-37.3	-34.2	-224	24.28	16.76	49.43	4.11	2.09	7
	轮南	LN2-33-1		T	砂岩	47	18.0	-32	-35.8	-31.9	-147	6.04	0.15	85.77	3.41	2.12	6.16
	轮古	LG15-18		O	白云岩	39	7075.6	-41.3	-37.9	-34.5	-190	4.66	5.29	73.49	5.6	4.48	6.58
		LG16-2		O	白云岩	29	2319.8	-34.3	-36.3	-33.4	-138	1.36	1.59	91.86	2.8	1.13	5.04
		LG201	5400	O	白云岩	30	2209.8	-35.6	-37.1	-34	-140	2.35	5.19	86.59	2.71	1.35	5.04
		LG13	5685	O	白云岩	30	1041.2	-33.8	-33.2	-29.2	-134	1.14	1.6	95.12	1.5	0.33	4.48
	解放渠	JF1-13-4		T	砂岩	31	17.1	-35.4	-36.1	-33.8	-155	5.62	1.47	84.01	3.98	2.34	8.4
	吉拉克	JN4-H2		T	砂岩	36	16.1	-35.8	-36.1	-33.2	-142	5.68	0.17	87.25	3.58	1.74	7.7
		JLK102	4342		砂岩	24	522.6	-34.9	-34.9	-32	-141	6.83	0.16	87.03	3.18	1.45	7.28
北部坳陷	哈德逊	LN59-H1		C	砂岩	37	1889.5	-38.9	-37.3	-34.6	-130	3.66	0.34	94.45	1.14	0.2	2.8
		HD113	5466.66	C_3	砂岩	25	3339.5	-24.4	-36.5	-33.5	-175	43.26	7.75	24.58	5.54	9.06	3.08
		HD2-7	5706	C_3	砂岩	23	17.7	-35.9	-36.7	-33.4	-182	30.03	1.35	34.48	12.04	11.17	3.5
塔中隆起	和田河	Ma4-H1	2433	O	白云岩	44	6983.6	-37.1	-36.7	-32.1	-151	8.93	0.08	85.98	2.72	1.12	12.3
		Ma4	2800	O	白云岩	37	1548.8	-37.2	-38.2	-34.5	-151	7.44	1.72	87.21	2.1	0.82	12.7
	塔中	TZ242	4546.56	O	白云岩	26	2205.2	-37.1	-35.3	-32.1	-125	3.48	2.29	90.15	2.25	0.89	6.44
		TZ16-6		O	白云岩	31	20220.6	-41.2	-40.5	-33	-160	19.95	3.95	49.3	5.5	6.84	4.76
		TZ4-18-7		C	砂岩	31	16.6	-42.6	-40.4	33.6	-156	12.27	0.86	76.65	5.21	2.68	4.76
		TZ117	4510	S	砂岩	28	1085.3	-40	-38.8	-33.2	-162	10.11	0.61	75.69	5.9	3.68	4.76
		TZ62	4758	O	白云岩	23	2414.8	-37.1	-31.6	-30.1	-126	2.98	3	88.96	2.56	0.94	4.9
		TZ621	4885	O	白云岩	20	14.2	-36.6	-31.7	-29.2	-131	2.38	1.06	91.51	2.5	1.04	5.74
塔西南坳陷	柯克亚	KS102		J	砂岩	30	296763.0	-29.3	-25.8	-25.1	-155	1.13	0	90.49	4.68	1.85	17.8
	阿克	AK1	4209.5	T	砂岩	29	15428.5	-22.6	-19.9	-20.3	-127	5.38	14.68	79.3	0.59	0.05	76.9

3 讨论

3.1 沉积环境、天然气类型与汞含量

烷烃气碳氢同位素（$\delta^{13}C$、δD）已作为天然气成因类型与母质沉积环境有效鉴别指标广泛应用[13-16]。根据烷烃气碳氢同位素组与烃源岩沉积环境关系[15]，可以将塔里木盆地天然气分为Ⅰ：与陆相沉积环境有关的煤型气，母质主要为侏罗系煤系；Ⅱ：与湖相沉积环境有关的煤型气，母质主要为三叠系湖相泥岩或页岩；Ⅲ：与海相沉积环境有关的寒武统—下奥陶统烃源岩；Ⅳ：与海相-海陆交互相沉积环境有关的中上奥陶统或石炭系烃源岩；Ⅴ：石炭系海陆交互相烃源岩与中生界腐殖型有机质生成的混合气，如柯克亚油气田；Ⅵ：有机热解气与深部气体混合（图2）。在塔里木盆地，煤型气主要分布在前陆盆地，包括库车坳陷、塔西南坳陷等，而油型气主要分在台盆区，如塔中、塔北地区。塔里木盆地19个煤型气样品中汞含量变化范围为15.0～296763.0 ng/m³，平均值为26983.4 ng/m³，而22个油型气样品中汞含量变化范围为14.0～28108.8 ng/m³，平均值为5388.9 ng/m³。虽然前人认为煤型气中汞含量高于油型气[7,17]，但是塔里木盆地不同类型天然气中汞含量分析表明，煤型气与油型气中汞含量差异不明显（图3）。通过汞含量为500～700 ng/m³作为判识油型气和煤型气可能过分地低估了油型气中汞含量。因此，利用天然气中汞含量鉴别天然气类型时需要慎重。

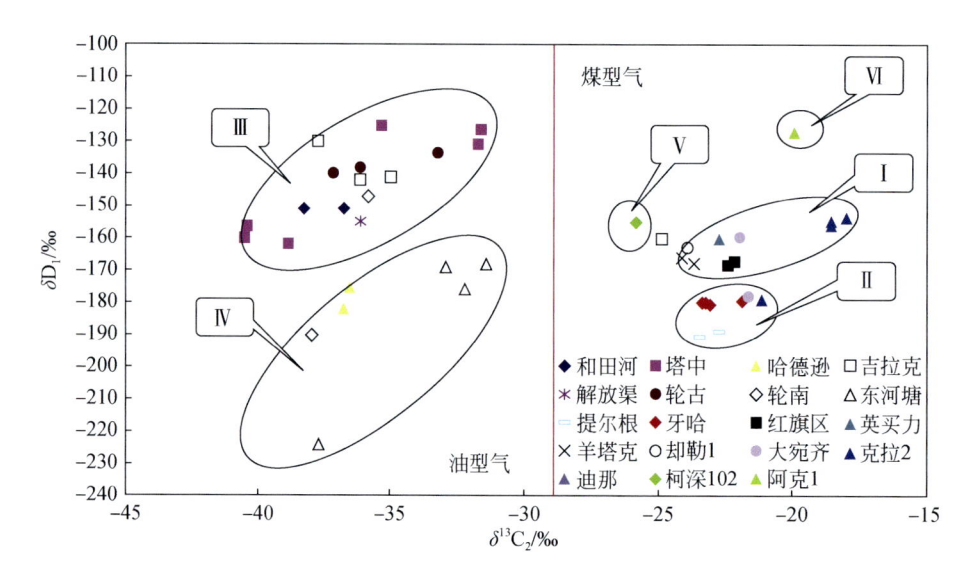

图2 塔里木盆地天然气$\delta^{13}C_2$与δD_1关系图

Ⅰ.与陆相沉积环境有关的煤型气；Ⅱ.与湖相沉积环境有关的煤型气；Ⅲ.与海相沉积环境有关的寒武统—下奥陶统烃源岩；Ⅳ.与海相-海陆交互相沉积环境有关的中—上奥陶统或石炭系烃源岩；Ⅴ.石炭系海陆交互相烃源岩与中生界腐殖型有机质生成的混合气；Ⅵ.有机热解气与深部气体混合

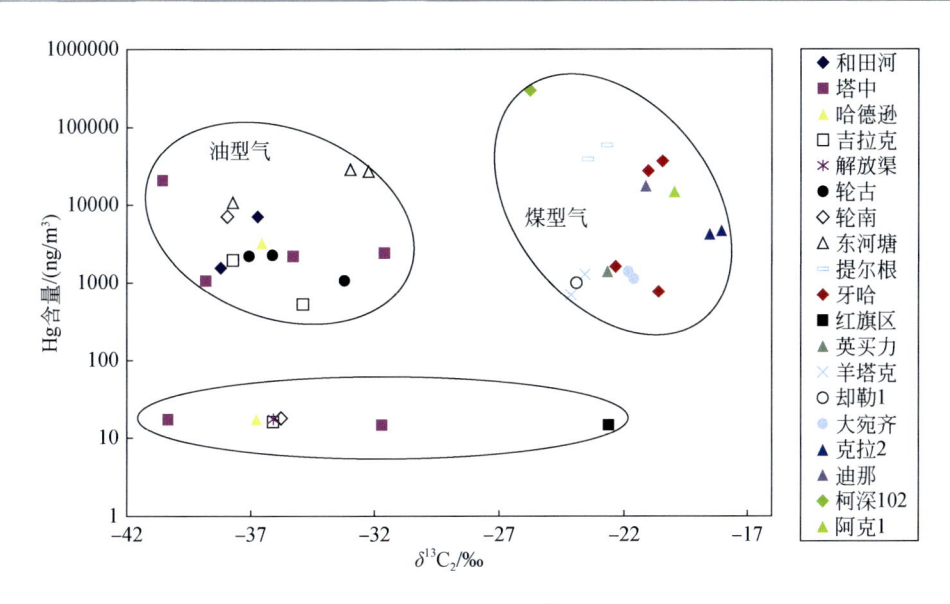

图 3　塔里木盆地不同类型天然气 $\delta^{13}C_2$ 与 Hg 含量变化图

甲烷氢同位素组成受源岩沉积环境和热成熟度双重因素控制，其中沉积环境（有机质类型）为主要控制因素，其次为热成熟度[15]。如图4所示，塔里木盆地天然气中汞含量变化与烃源岩沉积环境具有一定的相关性；一般甲烷氢同位素偏轻且沉积环境为湖相形成的天然气中汞含量明显高，如迪那、提尔根和牙哈气田；而甲烷氢同位素较重且沉积环境为海相形成的天然气中汞含量较低，如塔中、吉拉克、解放渠、轮南和桑塔木等。Mason 和 Moore[18]研究认为，在沉积岩中页岩中汞含量为 0.4ppm①，砂岩为 0.3ppm，而碳酸盐岩为 0.2ppm。黑色页岩的汞克拉克值为 0.23±0.03ppm[19]。在腐殖质、水和汞组成的溶液中（pH为3），汞含量可达 1000ppm。在全球煤系中，汞平均含量为 0.1±0.01ppm，沥青质平均汞为 0.87±0.08ppm，而褐煤和次沥青质平均汞含量为 0.62±0.06ppm[19]。我国的含煤地层中汞含量平均为 0.578ppm，西北地区平均为 0.22ppm[20]。因此，湖湘沉积环境形成的腐殖型有机质中汞含量最高，而海相层系的泥页岩和碳酸盐岩中汞含量低，从而造成来自湖相烃源岩的煤型气具有高汞含量，而海相层系的油型气中汞含量低。

需要特别指出，在 7 个天然气样品中 Hg 含量低于 100ng/m³，如 LN2-33-1、JN4-H2、JF1-13-4、HD2-7、TZ4-18-7、TZ621 和 HQ2 井。除了 HQ2 井外，这些气藏为下部早期聚集的油气通过二次调整运移至上部气藏的[21-22]，因为汞具有很强的挥发性，在气藏调整过程中，汞极易散失，从而造成上述部分气藏汞含量低。HQ2 井天然气为上覆三叠系—侏罗系烃源岩生成的煤型气下渗在奥陶系气藏中，为上生下储型气藏，不利于汞向下聚集。

3.2　构造活动与汞含量

天然气中 $^3He/^4He$ 值通常用来指示盆地构造运动和火山活动等[23-24]。塔里木盆地天然气中 $^3He/^4He$ 值主要为 $n×10^{-8}$，为典型地壳成因氦；仅在 AK1 井可能存在少量幔源气的混入（$^3He/^4He$ 值为 $7.69×10^{-7}$）[25]。图 5 为塔里木盆地天然气 $^3He/^4He$ 组成与汞含量变化关系

---
① 1ppm=10^{-6}。

图，由图可见，塔里木盆地天然气中汞含量并没有随 ^{3}He/^{4}He 值的增加而增加。除 AK1 和柯克亚气田 KS102 外，天然气中汞含量随着 ^{3}He/^{4}He 值增加表现为略有下降的趋势；说明天然气遭受次生改造并不能引起天然气中汞富集，反而会发生汞散失。AK1 气藏可能存在深部流体作用，使得天然气中含量偏高，因为阿克 1 气藏处于南天山断褶带与昆仑山断褶带相互作用部位，汞与其他幔源组分通过深大断裂运移到地壳。KS102 井汞含量高可能与气藏类型有关，见下文论述。

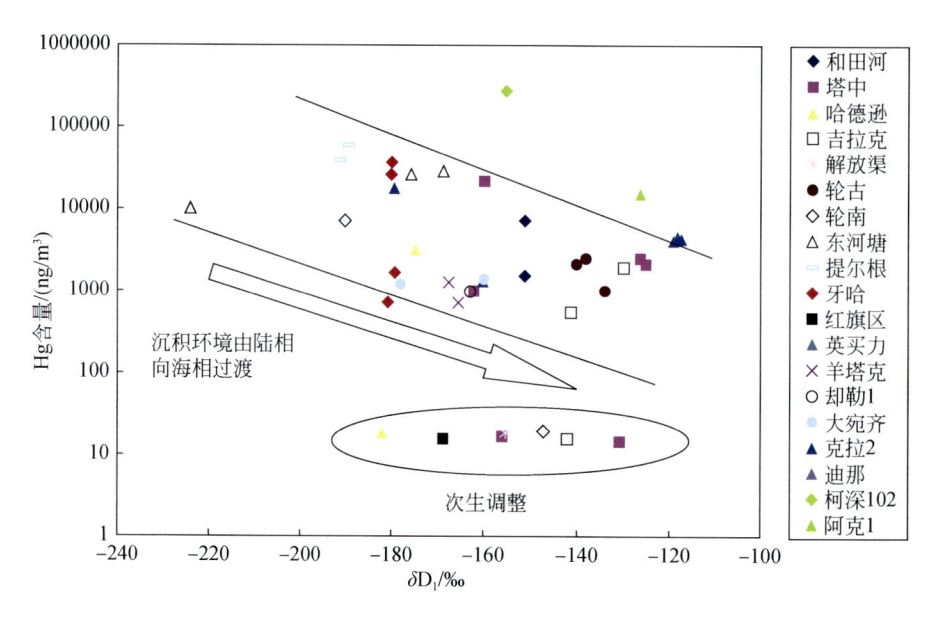

图 4 塔里木盆地不同沉积环境天然气 δD_1 与 Hg 含量变化图

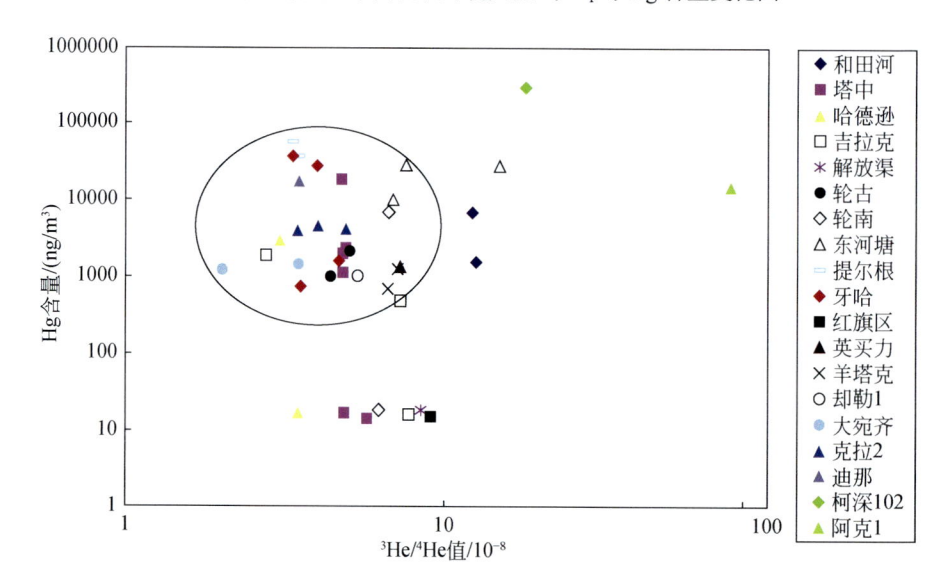

图 5 塔里木盆地天然气 ^{3}He/^{4}He 组成与 Hg 含量变化关系图

3.3 储层特征与汞含量

塔里木盆地油气储层类型分布广泛，奥陶系储层为海相白云岩、灰岩，志留系、泥盆系、石炭系和二叠系均以海相砂岩为主；而中、新生界储层主要为陆相砂岩、砂泥岩等。由图6可知，天然气储层岩性与汞含量之间没有明显关系，但在侏罗系储层中天然气汞含量明显高于其他层位，因为侏罗系储层的天然气主要分布在柯克亚气田，天然气类型为煤型气，其母质可能与侏罗系煤系有关，气藏类型为自生自储型，天然气中汞遭受散失小。另外，由于作为煤型气的生气母质煤和分散腐殖质有机物对汞有较大的吸聚能力，汞在泥炭或腐殖质沉积中丰度高。随着热演化程度增加，汞的高挥发性使其与煤型气中其他气体组分从煤层和碳质泥岩中运移出来，并聚集成藏[7]。东河塘气田DH23井二叠系储层中天然气汞含量偏高可能与该时期火山活动有关，因为在塔里木盆地二叠纪火山活动活跃，主要分布在盆地的中部和西部[26]。火山活动能引起含汞物质快速沉降使得汞沉积速率增加。在荷兰的一个沼泽水域中，过去的100~200年间，汞的沉积率从10000~20000ng/m^{2}增加到50000~100000ng/m^2 [27]，造成这样大幅增加一个重要原因是火山活动和气候变化，因为汞快速沉积正好对应于冰岛火山活动期（1783~1784年、1875年和1947年）。因此，天然气中汞含量与天然气藏是否为自生自储有关。火山活动也可以引起天然气中汞含量偏高。

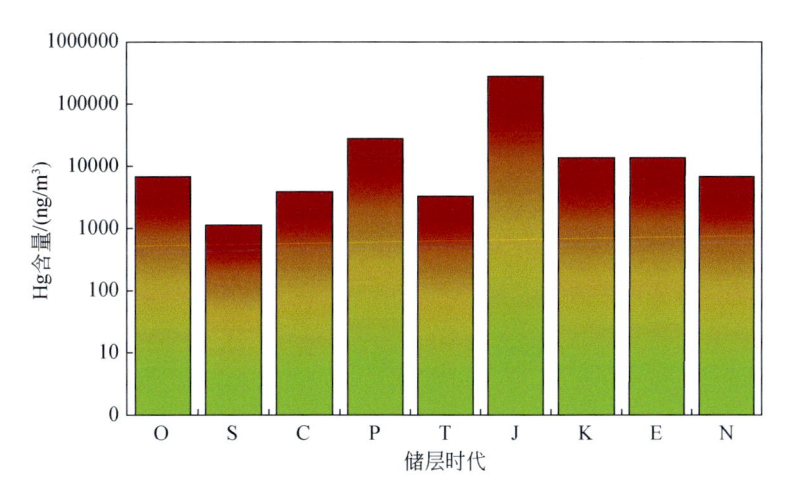

图6 塔里木盆地不同储层天然气中汞含量

3.4 库车坳陷天然气中汞含量

库车坳陷作为塔里木盆地主要天然气分布区和"西气东输"供气基地，天然气中汞含量变化具有重要意义。图7为库车坳陷各气田（藏）天然气中汞含量变化。库车坳陷天然气中汞含量变化范围为15.0~56964.3ng/m^3，整体上表现为东部天然气中汞含量高于西部，其中汞含量最高的气田为提尔根，两口井的汞平均含量为24001.7ng/m^3，其次为牙哈和迪那，汞含量平均值分别为21679.4ng/m^{3}和17652.2ng/m^3。克拉2气田3口井天然气中汞含量平均为4412.6ng/m^3，高于其南部的羊塔克、英买7和却勒1。红旗区天然气中汞含量最低，仅为15.0ng/m^3。因此，库车坳陷天然气田中汞含量具有东高西低、北高南低的分布特点。由于库车坳陷南缘斜坡的天然气部分为北部气源岩供给[16, 28]，天然气在运移过程可能造成部分汞的丢失或稀释，从而形成坳陷南缘天然气中汞含量偏低。库车坳陷东部高于西部可能与坳陷东西源岩沉积环境差异有关，因为甲烷氢同位素重于-160‰时，随着δD_1的逐渐变重，天然气中汞含量呈降低趋势；而在库车坳陷东部烃源岩沉积环境为湖相沉积，源岩多为泥岩或页岩，坳陷西部为陆相煤系。

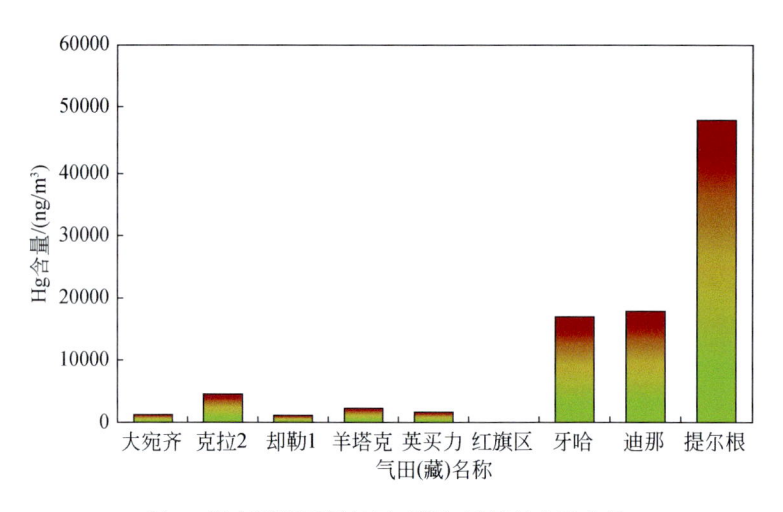

图7 库车坳陷不同气田（藏）天然气中汞含量

4 结论

通过对塔里木盆地41口工业天然气气井样品的采集，塔里木盆地天然气中汞含量存在一定规律性分布，一般具有盆地边缘汞含量高、盆地中心汞含量偏低的特征，最高的汞含量分布在塔西南坳陷，其次为库车坳陷，北部坳陷哈德逊油气田汞含量最低。塔里木盆地天然气中汞含量主要与天然气成因类型、沉积环境、构造活动和火山活动有关，其中构造活动为主要控制因素，其次为沉积环境和火山活动；其主要分布特点为湖相沉积环境形成的天然气中汞含量高于海相；自生自储型天然气藏中汞含量高，而次生调整天然气中汞含量明显偏低。库车坳陷天然气中汞含量具有东高西低、北高南低的分布特点，主要与沉积环境和天然气运移有关。因此，对于自生自储型或处于构造活动带附件的天然气藏，在天然气开发与利用过程中要高度重视异常汞含量。

参 考 文 献

［1］Озерова Н А. Новый ртутный рудный пояс в Западной Европе. Геология Рудных Месторождений, 1981, 23: 49-56.

［2］Wilhelm S M, Bloom Nicolas. Mercury in petroleum. Fuel Process Technol, 2000, 63: 1-27.

［3］Shafawi A, Ebdon L, Foulkes M, et al. Determination of total mercury in hydrocarbons and natural gas condensate by atomic fluorescence spectrometry. Analyst, 1999, 124: 185-189.

［4］Leeper J E. Mercury-LNG's problem. Hydrocarbon Process, 1980, 59: 237-240.

［5］陈践发, 妥进才, 李春园, 等. 辽河坳陷天然气中汞的成因及地球化学意义. 石油探勘与开发, 2000,

27: 23-24.

[6] 陈践发, 王万春, 朱岳年. 含油气盆地中天然气汞含量的主要影响因素. 石油与天然气地质, 2001, 22: 352-354.

[7] 戴金星, 戚厚发, 王少昌, 等. 我国煤系的气油地球化学特征、煤成气藏形成条件及资源评价. 北京: 石油工业出版社, 2001.

[8] 侯路, 戴金星, 胡军, 等. 天然气中汞含量的变化及应用——兼述岩石和土壤中汞的含量. 天然气地球科学, 2005, 16: 514-521.

[9] 刘全有, 戴金星, 李剑, 等. 油气中汞的地球化学特征与科学意义. 石油勘探与开发, 2006, 33: 542-547.

[10] 刘全有, 李剑, 侯路. 油气中汞及化合物样品采集与实验分析方法研究进展. 天然气地球科学, 2006, 17: 559-565.

[11] 徐永昌. 天然气成因理论及应用. 北京: 科学出版社, 1994.

[12] 刘全有. 塔里木盆地天然气地球化学与汞富集规律. 北京: 中国石油勘探开发研究院博士后出站报告, 2007.

[13] Dai J X, Li J, Luo X, et al. Stable carbon isotope compositions and source rock geochemistry of the giant gas accumulations in the Ordos Basin, China. Organic Geochemistry, 2005, 36: 1617-1635.

[14] Xu Y C, Shen P. A study of natural gas origins in China. AAPG Bull, 1996, 80: 1604-1614.

[15] 刘全有, 戴金星, 李剑, 等. 塔里木盆地天然气氢同位素地球化学与对热成熟度和沉积环境的指示意义. 中国科学 D 辑: 地球科学, 2007, 37(12): 1599-1608.

[16] 刘全有, 秦胜飞, 李剑, 等. 库车坳陷天然气地球化学以及成因类型剖析. 中国科学 D 辑: 地球科学, 2007, 37(增刊Ⅱ): 149-156.

[17] 戴金星, 戚厚发, 宋岩. 鉴别煤成气和油型气若干指标的初步探讨. 石油学报, 1985, 6: 31-38.

[18] Mason B, Moore C B. Principles of Geochemistry. New York: Wiley, 1982.

[19] Yudovich Y E, Ketris M P. Geochemistry of Black Shales. Leningrad: Nauka, 1988.

[20] Ren D, Zhao F, Wang Y, et al. Distribution of minor and trace elements in Chinese coals. International Journal of Coal Geology, 1999, 40: 109-118.

[21] Wang T G, Li S M, Zhang S C. Oil migration in the Lunnan region, Tarim Basin, China based on the pyrrolic nitrogen compound distribution. Journal of Petroleum Science and Engineering, 2004, 41: 123-134.

[22] Xiao X M, Liu D H, Fu J M. Multiple phases of hydrocarbon generation and migration in the Tazhong petroleum system of the Tarim Basin, People's Republic of China. Organic Geochemistry, 1996, 25: 191-197.

[23] Xu S, Nakai S, Wakita H, et al. Helium isotope compositions in sedimentary basins in China. Applied Geochemistry, 1995, 10: 643-656.

[24] Xu Y C, Liu W H, Shen P, et al. Geochemistry of Noble Gases in Natural Gases. Beijing: Science Press, 1998.

[25] 刘全有, 戴金星, 金之钧, 等. 塔里木盆地前陆区和台盆区天然气的地球化学特征及成因. 地质学报, 2009, 83: 107-114.

[26] 贾承造. 中国塔里木盆地构造特征与油气. 北京: 石油工业出版社, 1997.

[27] Madsen P P. Peat bog records of atmospheric mercury deposition. Nature, 1981, 293: 127-130.

[28] 梁狄刚, 张水昌, 赵孟军, 等. 库车坳陷的油气成藏期. 科学通报, 2002, 47(增刊): 56-63.

天然气中汞含量的变化规律及应用
——兼述岩石和土壤中汞的含量

侯　路，戴金星，胡　军，余中华

0　引言

1953年在日本熊本县水俣湾附近的村民因食用了汞浓度严重超标的鱼类而引起汞中毒，导致180人患水俣病，死亡50多人。这是历史上首次出现的重金属污染重大事件。医学上把环境汞中毒称为水俣病，这类病患者的脑血管中枢神经等组织遭到破坏，出现脑动脉硬化，甲基汞侵入胎盘还能损害生殖细胞染色体的正常遗传，导致后代变异，引起胎儿畸形。20世纪80年代末期，在北欧和北美的一些偏远地区湖泊中，人们发现有些鱼种体内汞含量高得惊人，远远超过世界卫生组织建议的食用水产品汞含量标准（世界卫生组织规定鱼体汞含量不得超过 $0.4×10^{-6}$ 总汞和 $0.3×10^{-6}$ 甲基汞）。不同研究领域的科学家对汞及其化合物的生物地球化学特性和环境汞污染的研究给予了高度重视。国际环境问题科学委员会（Scientific Committee on Problems of the Environment，SCOPE）先后于1990年、1992年、1994年、1996年分别在瑞典、美国、加拿大和德国召开过4次"汞作为全球污染物"的国际学术会议。可见，深入了解汞的丰度是汞研究中的一个基本问题。

汞是元素周期表第六周期 IIB 族元素，它在自然界有7种稳定同位素，它们的质量数和丰度分别是：^{196}Hg $0.146\%±0.006\%$、^{198}Hg $10.02\%±0.01\%$、^{199}Hg $16.84\%±0.02\%$、^{200}Hg $23.13\%±0.02\%$、^{201}Hg $13.22\%±0.02\%$、^{202}Hg $29.8\%±0.01\%$ 和 ^{204}Hg $6.85\%±0.01\%$。地球及其各圈层中汞的丰度分别是地球为 $9×10^{-9}$，地核为 $8×10^{-9}$，上、下地幔均为 $10×10^{-9}$，地壳为 $89×10^{-9}$ [1]。汞原子的价电子组态为 $5d^{10}6s^2$。自然界汞可成自然汞、1价汞、2价汞的化合物。汞具有高的电离势：汞的电离势占亲铜元素的第一位，其第一电离势为10.43eV，第二电离势为18.75eV，比金（9.22eV）和银（7.57eV）的电离势高出许多，所以汞很容易与各种金属以不同的比例形成合金，如银汞矿（AgHg）、金汞矿（Au$_2$Hg$_3$）、汞钯矿（PdHg）和汞金矿（AuHg）等。自然界最重要的含汞矿物是红色的硫化物——辰砂，它几乎是纯的HgS。汞具有高的挥发性：它的熔点为-38.89℃，沸点为357.25℃，汽化热为14kcal/g，在金属中是最低的。常温下，汞的蒸气压很高，0℃时为0.00019mm，20℃时达到0.0013mm，在-53℃，即低于其冰点时也能测出它的蒸气压，因此汞的蒸发速度很快，10℃时为1.43mg/(m^2·min)；40℃时为18.5mg/(m^2·min)。汞的高电离势使得汞易于从各种化合物中还原出来而成为自然汞。汞的高挥发性又使得汞以原子蒸气和其他无机汞（升汞）以及有机

---
* 原载于《天然气地球化学》，2005年，第16卷，第4期，514～521。

汞（烷基汞）的形态而分散于自然界。自然界聚集于矿床中的汞只占全部汞量的 0.02%，而 99.98%的汞来自岩石圈、水圈、大气圈和生物圈[2]。本文主要介绍了岩石、土壤和天然气中汞的含量变化规律。

1 岩石中的汞

Clarke 等（1924 年）认为汞的地壳丰度为 $n\times 100$ng/g；Goldschmidt（1954 年）给出的值是 500ng/g；Vinogradov（1962 年）认为是 83ng/g（表 1）；Taylor 认为是 80ng/g[3]；黎彤认为是 89ng/g[1]。大陆壳汞氧化物含量为 40×10^{-9}，上陆壳汞元素含量为 0.056×10^{-6}，它由 14%的沉积岩，50%的长英质侵入岩，6%的辉长岩和 30%的片麻岩、云母片岩以及闪岩等组成；下陆壳汞元素含量为 0.021×10^{-6}，由 61.5%的长英质麻粒岩和 38.5%的片麻粒岩组成[4]。

从汞矿床的主要产出围岩看，世界上 65%的汞矿床产在火山岩中，19%为蛇纹岩，10%为变质岩，仅有小部分为沉积岩。但中国的汞矿床 70%产在碳酸盐岩中，其次是砂岩、火山岩（凝灰岩、流纹岩、安山岩和玄武岩）。汞的主要矿物辰砂在表生条件下属于最稳定的矿物。但它还是可以发生缓慢的变化，如形成次生汞矿物角银矿（甘汞），或见到再沉积粉末状的辰砂[5]。

1.1 沉积岩中的汞

涂里干和魏德波尔（1961 年）认为沉积岩中页岩汞含量最高，为 0.4×10^{-6}，砂岩为 0.03×10^{-6}，碳酸盐岩为 0.04×10^{-6}。水盆地中风化再沉积的产物，如氧化铁、氧化锰、铝土矿，都含有很高量的汞，为 $0.1\times 10^{-6}\sim 9\times 10^{-6}$。黑海的沉积物中汞的含量高达到 0.5×10^{-6}，这种现象可能与黑海沿岸有汞的矿物有关，也与工业污染有关。现代沉积物中，汞的含量在 $0.06\times 10^{-6}\sim 2\times 10^{-6}$，以锰结核中汞的含量最高（$2\times 10^{-6}$），Сауков 认为 MnO_2 对汞有强的吸附作用，所以锰矿石中的汞含量也很高（1.6×10^{-6}）[5]。

Ozerova 和 Aidin'yan（1966 年）总结了苏联地台从泥盆系到白垩系 234 个岩样汞分析数据，认为各种岩石中汞含量的差别不大，砂岩和沙泥的汞含量为 39×10^{-9}，黏土为 35×10^{-9}，碳酸盐岩为 31×10^{-9}。但堪察加半岛火山沉积物中汞含量略高，平均值为 92×10^{-9}，而且汞在碳质沉积物、硫化物、重晶石和季节性残余物（如铁矾土、铁质和氧化锰等）中更容易富集。他们还发现现代海洋沉积物 79 个样品的平均汞含量达到 300×10^{-9}。Boström 分析东太平洋 57 块样品后认为东太平洋洋脊壳样品的汞含量较高，可以达到 400×10^{-6}（表 1），洋脊壳之外的样品含汞量很低，只有 $1\times 10^{-9}\sim 2\times 10^{-9}$[6]。芬兰东部和北部的 627 块黑色页岩样品中汞含量范围是 $0.005\times 10^{-6}\sim 7.47\times 10^{-6}$，平均值为 0.84×10^{-6}（表 1），中值是 0.41×10^{-6}，黑色页岩主要发育于周围凹陷的冰蚀地区[7]。加拿大地盾苏必利尔省太古代 406 个泥页岩样品的汞含量平均值是 129×10^{-9}，中值是 86×10^{-9}；Aphebian 396 个页岩样品，汞含量平均值是 513×10^{-9}，中值是 408×10^{-9}；古生代 48 块海相页岩样品的汞含量中值为 19×10^{-9}，几何平均值为 17×10^{-9}；Grenville 石墨中汞的含量均值为 786×10^{-9}（表 1）。Aphebian 页岩在整个地质时期都高含汞，这是早期的地球脱气作用造成的，推测其汞的富集是因为浅层洋壳、地幔至深部地幔的岩浆活动增加引起[8]。

据 1466 个煤样统计得出，我国多数煤中含汞量处于 $0.01\sim 1$mg/kg，算术平均值为

0.15mg/kg（表1），少数样品中汞含量达到2～6mg/kg。从贵州省兴仁市二叠纪高砷煤中检测到汞最高值为45mg/kg，这是罕见的异常高值。对照国外煤中汞含量的资料，自然界多数煤中ω(Hg)处于$n\times10^{-7}$数量级。ω(Hg)达到1mg/kg的煤已属罕见。世界特富含汞的煤发现于乌克兰的顿巴斯盆地东部，该盆地煤中背景值只有0.015mg/kg，可是在盆地东部汞矿化带里的煤中汞含量高达$n\times10$mg/kg，甚至为$n\times100$mg/kg。从采自尼基多夫斯克的样品中检测到异常高值2000mg/kg，是世界上含汞最高的煤样，其中汞的赋存状态也最多样，即有4种：呈滴状产出的金属汞，大小可达0.1mm；在裂隙中呈薄膜、粉状、细毛发状的辰砂，大小为0.005～1mm；从腐殖酸里检测到的有机汞；以类质同象形式存在于黄铁矿晶格的格架中的汞[9]。在一般的煤里不可能出现金属汞，也恐难见到辰砂，这是一个特例。根据美国地质勘探局统计的煤矿中煤平均含汞为0.2mg/kg[10]，高于我国煤的平均含量（0.15mg/kg）。也有学者认为我国煤平均含汞量为0.22～0.32mg/kg[11]。显然，如何确定接近实际的我国煤的含汞量，还需要做更多的研究工作。

表1　自然界岩石和土壤中汞的含量

类别	地区（样品数/个）	物质名称	含汞量（范围/平均）	文献
火成岩	中国东部（11859）	球粒陨石/10^{-6}	300	Vinogradov（1962年）
		地壳丰度/10^{-6}	8.3	
		火成岩/(ng/g)	4.5～14.2	迟清华[13]
		超基性岩类/10^{-6}	1	Vinogradov（1962年）
		基性岩类/10^{-6}	9	Vinogradov（1962年）
		酸性岩类/10^{-6}	8	Vinogradov（1962年）
	美国	花岗岩类/(μg/kg)	4.7～225	Marowsky和Wedepohl[16]
	德国	花岗岩类/10^{-9}	60～220	Marowsky和Wedepohl[16]
沉积岩	中国东部（11077）	沉积岩/(ng/g)	9.6～200	迟清华[13]
	德国	砂岩/(μg/kg)	8～9400	Marowsky和Wedepohl[16]
	芬兰（627）	黑色页岩/10^{-6}	0.05～7.47/0.84	Loukola-Ruskeeniemi等[7]
		页岩/10^{-6}	15～40	杨育斌和涂修元[2]
	瑞士、法国、西班牙、德国	油页岩/(μg/kg)	100	Marowsky和Wedepohl[16]
		页岩/10^{-6}	180～1590	Vinogradov（1962年）
		黏土岩和页岩/10^{-6}	40	Marowsky和Wedepohl[16]
		灰岩/10^{-9}	29～290	杨育斌和涂修元[2]
	德国	页岩/10^{-9}	7.2～368	Cameron和Jonasson[8]
	加拿大（948）	沉积岩/10^{-9}	1～400	Boström和Fisher[6]
	东太平洋英格兰（90）	河口沉积物/(μg/g)	0.06～0.3	Wright（1999年）
土壤	中国（12000）	土壤/(ng/g)	40	迟清华[13]
		土壤/(μg/kg)	10～50	杨育斌和涂修元[2]
		热带土壤/(ng/g)	90～210	Roulet等[18]
	巴西	砂土/(μg/kg)	1～29	杨育斌和涂修元[2]
		森林土壤/(μg/kg)	100～290	
		栽培土壤/(μg/kg)	30～140	

续表

类别	地区（样品数/个）	物质名称	含汞量（范围/平均）	文献
变质岩	瑞士	千枚岩/10^{-9}	2~7	Marowsky 和 Wedepoh[16]
	意大利	变质基性岩/10^{-6}	0.346~3.9	Dini 等[14]
	中国东部（6569）	变质岩/(ng/g)	3.9~13.4	迟清华[13]
煤	中国（1466）	煤/(mg/kg)	0.01~1.0/0.15	黄文辉和杨宜春[9]
	中国（234）	煤/(mg/kg)	0.22	王起超等[11]
	中国（990）	煤/(mg/kg)	0.158	张军营（1999 年）
	英国（19）	煤/(µg/g)	0.017~1.748	Richaud 等（1998 年）
	美国（36）	煤含汞量范围/(µg/kg)	70~33000/1000	杨育斌和涂修元[2]
	美国（7157）	煤/(µg/g)	0.003~2.9	Toole-O'Neil 等[10]
	美国（7649）	煤/(µg/kg)	0.17	Finkelman（1993 年）
	俄罗斯	煤/(µg/kg)	20~300000	杨育斌和涂修元[2]

1.2 火成岩中的汞

Rankama 和 Sahama 认为地球表面火成岩中汞含量为 $0.077×10^{-6}$，Ehamann 认为只有 $0.004×10^{-6}$~$0.04×10^{-6}$。火山熔岩中的汞含量为 $6×10^{-9}$~$15×10^{-9}$，海洋拉斑玄武岩及橄榄玄武岩平均为 $25×10^{-9}$，印度洋和大西洋的玄武岩分别含汞 $20×10^{-9}$ 和 $24×10^{-9}$~$97×10^{-9}$，汞在结晶火成岩（深成或浅成侵入体）中的分布情况比较复杂[12]。据 Соуков 的资料，花岗岩类汞含量为 $10×10^{-9}$~$200×10^{-9}$。Ehamann[12] 认为美国的花岗岩含汞量为 $39×10^{-9}$，花岗闪长岩为 $21×10^{-9}$。超基性岩中汞的含量是比较低的，其变化范围为 $5×10^{-9}$~$80×10^{-9}$，平均为 $16×10^{-9}$~$38×10^{-9}$。如南斯拉夫 14 个纯橄榄岩含汞量平均为 $12×10^{-9}$，斜方辉橄岩 67 个样品平均为 $19×10^{-9}$ [12]。

西伯利亚地台金伯利岩含汞量为 $18×10^{-9}$，其中榴辉岩捕房体含汞量为 $20×10^{-9}$，二辉麻粒岩捕房体中汞含量为 $1230×10^{-9}$。Ehmann 根据这些数据认为，整个地球中汞的丰度显然比过去只根据地表岩石数据计算出的丰度值要高得多[12]。也有不同意见认为上述捕房体中汞的高含量未必能代表地幔岩石，而可能与其母岩侵入过程中岩管的热液活动有关[5]。

碱性岩中汞的含量比较高，Саукoв（1972 年）认为俄罗斯科拉半岛希宾碱性岩多数为 $13×10^{-9}$~$15×10^{-9}$，部分为 $60×10^{-9}$~$200×10^{-9}$。这个地区的碳酸盐岩中汞的含量达 $10×10^{-9}$~$140×10^{-9}$，平均为 $23×10^{-9}$。此外希宾碱性岩中有些矿物含汞量相当高，如锰闪叶石中为 $2.2×10^{-5}$，钙层硅铈钛矿为 $9×10^{-5}$，榍石中为 $1×10^{-4}$，土状星叶石中为 $2.2×10^{-5}$，闪锌矿中为 $1.6×10^{-3}$。研究认为榍石和钙层硅铈钛矿中的汞与钙有类质同象关系[5]。中国东部火成岩中汞的平均含量较低，且各类火成岩汞的平均含量差异较小，从酸性岩、中性岩到基性岩汞的平均含量略有增高，但趋势不太明显[13]。

1.3 变质岩中的汞

意大利的 Levigliani 地区虽没有明显的汞矿，但其变质基性岩中汞的平均含量比类似的火成岩要高，该地区变余斑状岩汞含量为 $0.346×10^{-6}$~$0.179×10^{-6}$，变余辉岩汞含量为 $3.539×10^{-6}$~$3.9×10^{-6}$。汞可以以二硫化物、液态或气态在热液中迁移，而氯化汞只能在氧化条件下迁移[14]。Levigliani 流体包裹体中含有金属汞，表明热液流体中饱和了液态汞。稳定的汞化合物很可能以六水合汞的形态存在，在温度高于 250℃的热液中汞主要以六水合汞发生迁移。自然汞和辰砂矿的沉积机理包括冷却、沸腾、稀释作用、pH 降低和氧逸度增加[14]。在该采样区未见到矿晕从而排除了流体-岩石间强烈的相互作用，目前认为辰砂和自然汞沉积的主要机理是冷却作用[15]。原因有两点：①这两种物质的溶解度与温度相关；②有报道表明冷却是一种有效的成矿作用。流体地球化学或是沉积机理都不能很好地解释意大利 Levigliani 和 Ripa 两地汞迁移的差异。Dini 等认为只有构造性质的解释比较合理，在 Ripa 的强烈构造运动导致高渗透性的通道充满沉积成矿流体。有研究表明构造运动会导致早期汞异常的再次迁移，而且在低中应力带区，流体的矿化作用强烈，推层汞这种金属物质在沉积和迁移中受到的机械作用（构造运动）控制比化学作用强烈得多[14]。

随着温度的上升，原始沉积岩中汞含量不断减少。Marowsky 和 Wedepohl[16]对瑞士阿尔卑斯地区从变质区样品分析后发现，千枚岩汞含量分布在 $2\times10^{-9}\sim7\times10^{-9}$（表 1），石榴子石、十字石为 $9\times10^{-9}\sim14\times10^{-9}$（表 1），含量都较低。而 Jovanovic 和 Reed（1968 年）研究发现，美国东北部佛蒙特州硅线片岩中含汞量为 $2.5\times10^{-9}\sim2535\times10^{-9}$，变化很大。由于即便在 450℃以上汞的分馏也不明显，平均只有 10×10^{-9}，所以 Marowsky 和 Wedepohl 认为 Jovanovic 和 Reed 分析的样品受到了严重污染，其汞为次生成因[16]。中国东部变质岩除变泥质岩中汞的平均含量较高外，其他岩性中汞的平均含量较低且差异较小。当沉积岩发生变质，各变质后沉积岩中汞的平均含量几乎只有其原沉积岩的一半，表明在变质过程中汞发生了迁移。而主要由火成岩变质形成的片麻岩、变粒岩、麻粒岩和斜长角闪岩与其相应的中酸性侵入岩、喷出岩和基性岩相比，汞的平均含量几乎没有发生多大变化（表 1）[13]。

2 土壤中的汞

自然界汞的克拉克值是 80×10^{-9}。各类火成岩的平均汞含量接近于克拉克值。沉积岩中汞的平均含量普遍高于克拉克值。土壤是各类岩石经受风化作用的最终产物，对母质中的汞显然有继承性。研究表明，土壤中汞的平均含量远低于克拉克值及多数岩类的汞含量[17]。水系沉积物、土壤和泛滥平原沉积物中的汞含量相近，据统计 12000 个中国土壤样品，汞含量几何平均值为 40ng/g，中值为 38ng/g（表 1）；哈萨克斯坦（449 个）、哥伦比亚（130 个）和巴西泛滥平原（43 个）沉积物样品的汞含量几何平均值分别为 12ng/g、40ng/g 和 54ng/g[13]。但在某些特殊类型土壤中，汞的含量比较高，如热带地区如巴西亚马孙河流域一带森林土壤汞含量为 $90\sim210$ng/g（表 1）。Roulet 等研究发现，在亚马逊流域一带土壤中汞的含量与土壤的粒径、取样的地理位置、周围环境的伐木及耕作情况及土壤中氢氧化物和有机质的含量等因素相关。因此土壤中的汞含量不是简单地继承，而是与汞的表生地球化学特征性、土壤特性以及地貌有关[18]。

土壤中的汞主要以 3 种相态保持一种动态平衡。即壤中气汞、吸附态汞和化合态的氯化汞。以游离状态存在于土壤孔隙中的汞称之为壤气汞，其同大气进行着强烈的交换，同时又与土壤诸组分中汞存在着复杂的相平衡，是土壤汞和大气汞交换的媒介。被吸附于土壤颗粒表面的单质汞称为吸附态汞，它同土壤颗粒以分子间力相结合，汞具有很强的被吸附性，因而需供给一定的能量，破坏分子间的作用力，才能将其从土壤中解析出来。化合态的氯化汞，以化学吸附、胶体吸附及沉淀物形式存在于土壤中，必须供给足够的能量才能破坏原子间这种化学结合力，这种结合力远大于分子间力，因而化合态汞的释汞温度远高于吸附态汞的释汞温度。不同的地球化学景观区，由于土壤性质、土壤水性质、区域地质构造和含矿性等差异，汞在3种相态间的分配是不同的，造成了土壤中汞地球化学背景变化的差异[17]。

3 天然气中的汞

目前世界对天然气中汞的研究主要集中在微量汞的测定和脱汞技术方面的论述。汞在天然气中的分布也有一些报道[2, 17, 19-30]。国外天然气中含汞量特高的气田有德国的戈里金什切特气田（340000ng/m³）、荷兰的格鲁宁根气田（180000ng/m³）等。我国天然气常见汞的含量为100～3000ng/m³[30]，渤海湾盆地辽河坳陷天然气汞浓度为1930000ng/m³（表2）[29]。前人研究表明鄂尔多斯盆地油气源岩、煤、石油和天然气中都含有较高的汞浓度[27]。根据"六五"以来我国各盆地天然气中为数不多汞含量样品的研究，煤成气的汞含量平均是油型气的4～18倍（表2），而鄂尔多斯盆地煤成气样品平均汞含量是油型气的688倍。我国国家标准允许空气中Hg的最高含量日平均3000ng/m³，由表2可见煤成气的汞含量平均值均高于空气中的标准，一般超出将近1倍，最大值超过标准146倍；而油型气一般低于标准值1～2个数量级，渤海湾盆地的超高汞含量可能是与深大断裂相关。由于汞可以渗入围岩穿透地表形成汞异常分布[31]，对于金属化探寻找油气藏有极好的指示作用，综合地球化学异常寻找石油天然气资源可以大大提高预测的成功率，目前此方法仍在广泛地使用。但是把汞作为鉴别天然气类型的划分指标必须考虑许多影响因素，这一方面仍然面临一些问题亟待解决，比如样品的采集、测试问题，区域构造背景与地球化学参数的配套解释问题，必须在此基础上综合其他地质因素，才可以得到比较客观的结论。

表2 我国各盆地天然气中汞含量[2, 17, 23-28]

盆地	油型气				煤成气			
	最小值/(ng/m³)	最大值/(ng/m³)	平均值/(ng/m³)	样品数/个	最小值/(ng/m³)	最大值/(ng/m³)	平均值/(ng/m³)	样品数/个
渤海湾	14400	1930000	298900	8	25200	52500	36900	4
鄂尔多斯	2.8	78.2	20.4	18	936	48000	14109	4
莺琼					430000	450000	440000	3
塔里木	170	2340	890	12	3530	8780	5680	6
准噶尔	760	1840	1300	5	4510	9840	5330	7
南襄	11	35000	418	85				
四川	4	6300	907	57	50	50000	5281	50
松辽	35	3270	530	76				
江汉	170	450	320	3				
苏北	98	410	269	9				
柴达木	270	320	290	2	5450	5450	5450	1

天然气中的汞主要以自然汞为主，推测二烷基汞的含量是总汞量的1%[19]。天然气中

汞的成因分为有机和无机成因。有机成因包括油型气-腐泥型为主的泥页岩中的汞，如我国泌阳凹陷双河镇油田和下二门油田天然气中的汞；煤成气-腐殖型煤系中的煤与泥页岩吸附了丰度较大的汞，如德国东汉诺威地区赤底统天然气中汞[2]。无机成因的汞主要是岩浆-火山源成因的，H. A. 奥泽罗娃认为，德国武斯特洛夫气田（世界上汞含量最高 3000000ng/m^3）[26]和扎尔茨维捷尔等气田天然气中的高含量汞是从邻近大断裂交切地带深部渗入气田中[32]。另外，一些火山地区的喷气和热水中也发现岩浆-火山源成因的汞蒸气。

在 20 世纪 80 年代我国学者研究认为，天然气中汞含量变化差异很大，在研究时一定要结合构造背景，讨论天然气不同类型汞的丰度分布特征时，应在同一地质构造单元的前提下进行对比，一般不超过含油气盆地的范围；汞可以作为综合判识煤成气和油型气的指标之一[27]，当时研究认为鄂尔多斯盆地，用汞蒸气含量作为地球化学指标来判别煤成气与油型气是可行的[17]，由于样品数量所限，得出的结论是否存在问题，还需要深入的工作。因为这一指标存在多解性，使用时要特别注意；而影响煤成气含汞量的各种因素中，占主要地位的是气源岩的有机质类型[17]。与煤成气相关的有机质类型主要是腐殖型，腐殖质对汞有很强的吸聚能力，腐殖质胶体平均吸附汞量为 3～4mol/kg，在相同地质环境中比其他胶体的吸附量高。腐殖质胶体带负电荷，对汞离子的吸附是通过正负电荷的作用实现的，同时还可与汞离子进行螯合作用。腐殖质一般呈球粒状，比表面积较大（337～340m^2/g），故其表面吸附力较强。土壤和沉积物中腐殖质含量越高越富汞，如腐殖泥含汞高达 1000μg/kg 以上，而一般淡水沉积物含汞量仅为 73μg/kg；腐殖泥较多的森林土壤含汞量为 100～290μg/kg，一般土壤含汞量为 10～15μg/kg。同样沉积地层中腐殖质含量与汞含量呈正相关[32]。

4　汞的来源

关于汞的来源，目前还有争论。世界上大部分有经济价值的汞矿床分布在地中海带和环太平洋成矿带。在成矿时代上，世界上汞矿床新生代有 60%、中生代有 35%、古生代有 5%。中国 91%（储量）的汞矿床与寒武至二叠系地层有关，其次与泥盆系、石炭系有关[5]。汞矿床类型有热液成因型、次火山成因型和沉积改造型（层控矿床）。热液矿床是汞的硫化物与石英组成矿脉的脉状矿床，具有明显的垂直分带，辰砂大多位于矿床的最上部，黝铜矿也是含汞的重要矿物。Сурчав Т. 把热液汞矿床分为 3 类：岩浆-热液、变质-热液、再生热液。稳定同位素（O、H、S 和 C）地球化学工作的成果大批问世以来，有证据表明热液矿床形成过程中有其他沉积物质参与。但岩浆来源的含汞热液是汞矿床形成的重要因素，汞的富集肯定经过迁移和聚集的过程，热液中汞以何种形式存在是许多学者研究的课题。Гушинаидр（1989 年）认为温度高于 200℃时，热液中 Hg（aq）比其他含汞类物质的迁移作用更大。次火山成因矿床由含辰砂和黑辰砂的蘑菇状及脉状矿体组成，共生的脉石矿物有蛋白石、蒙脱石和明矾石，产于火山活动强烈而频繁的地区（仅地表部位）。

沉积改造（层控汞矿床）矿床在我国绝大部分地区处于碳酸盐岩中，成矿作用可能与含矿岩层中汞的原始富集有关系。例如，在我国著名万山汞矿的含矿地层中，汞含量高于地壳丰度的几倍至几百倍。这类矿床的形成温度仅 100～200℃。由于汞的活动性较大，在相对低的温度下也易迁移，因此其围岩改造程度较低，沉积特征明显。这类矿床中 δ^{34}S 有沉积成因特点，矿床中 Sr/Ba、Th/U 值比较低，和方铅矿的模式年龄与底层年代一致等，都表明矿床具有沉积的特征。但地质情况同时表明沉积地层中的汞，必须经过一定的地质事件，有适宜的物理-化学环境使汞活动起来并重新分配，才可能形成有价值的汞矿床。换言之，含汞地层必须经过改造才能成矿[5]。Cameron 和 Jonasson 认为汞以稳定化合物形式或微量硫化物成分（如黄铁矿和闪锌矿）存在于页岩中，含量十分稳定，尤其在绿片岩相带（变质温度不超过 250℃）。而在花岗岩中以不含有机质的硫化物形态的汞，在变质环境不太稳定[8]。

现代研究表明土壤中汞来源有 3 个方面：

（1）地球内生地质作用造成的富集；

（2）局部表生地球化学作用的富集，如黑海沉积物中汞的高含量[33]；

（3）人为污染，目前全世界每年开采应用的汞约 10000t 以上，其中一半以上最终以三废形式进入了环境。据计算，在氯碱工业中每生产 1t 氯，要流失 100～200g 汞；生产 10000t 乙醛就有 500～1500g 汞排入环境，其他造成汞污染的工业还有金属冶炼、涂料、电器、仪表、农药、造纸、药品、化学和军火等，燃煤汞污染也非常严重。

美国科学家认为，人为来源量加起来也要比来自地球脱气作用的汞量少一个数量级或更低。汞的污染源主要与地球内生地质作用密切相关。汞的内生地球化学行为除以络盐形式在溶液中迁移外，也可以气态形式迁移。在地表和大气圈中，汞主要来自地球内部的脱气作用。脱气作用最活跃的地段是地壳上部的断裂带，汞矿化的盐丘构造和年轻火山岩区及活化带的热液汞矿床受深大断裂的控制就是很好的佐证[33-34]，而且有实验证明断层气汞的含量随深度增加而增高[35]。

5 结论

（1）我国"六五"天然气科技攻关时，气中汞含量研究仅作为一种煤成气和油型气鉴别指标进行了一些工作。初步研究表明鄂尔多斯盆地油气源岩、煤、石油和天然气中都含有较高的汞浓度。其实天然气中汞含量变化差异很大，必须结合构造背景进行研究，考虑天然气不同成因类型汞的丰度分布特征时，应在同一地质构造单元的前提下进行对比，汞可以作为综合判识煤成气和油型气的指标之一，但指标存在多解性，使用时要特别注意在区域地质范围内影响汞含量的主要地质因素是什么？这一问题必须进行大量细致深入的工作。

（2）宇宙中汞的含量有一定的变化，如陨石中汞的含量为 $0.004×10^{-6}$～$38.94×10^{-6}$[12]；月岩和月壤中汞含量为 $0.60×10^{-9}$～$42×10^{-9}$，Trimple（1975 年）认为太阳光球中汞的丰度小于 $3×10^{-9}$。

（3）汞在岩石和土壤中的含量变化也较大，在同类物质中的含量差别也很明显。汞以原子蒸气、无机汞（升汞）以及有机汞（烷基汞）等多种形态分散于自然界，其含量多少不是简单的原始继承，它在沉积、迁移和聚集的过程中的变化十分复杂，主要受汞的地球化学特性、深大断裂、岩浆活动、岩性及地貌等因素的影响。

（4）汞的来源主要是地球内部的脱气作用，其次是局部表生地球化学作用，人为的汞污染占整个自然界汞来源的比例很低，但由于汞有长期累积特性，汞中毒十分隐蔽，给人类带来的危害也严重。控制汞污染的基础问题是各种物质汞含量的变化规律，目前对于成矿汞物质的研究已经取得了大量成果，但对于非汞矿物质汞含量的研究较少，随着汞分析手段、检测精度和人们环保意识的不断提高，有必要而且可以拓宽相关领域的研究。

参 考 文 献

［1］黎彤. 化学元素的地球丰度. 地球化学, 1976, 5(3): 167-174.

［2］杨育斌, 涂修元. 汞蒸气直接找油应用前景的初步探讨. 见: 地质矿产部石油普查勘探局, 中国地质学会. 石油地质文集 6: 油气. 北京: 地质出版社, 1982.

［3］Taylor S R. A bundance of chemical elements in the continental crust: a new table. Geochimica et Cosmochimica Acta, 1964, 28(8): 1273-1285.

［4］Wedepohl K H. The composition of the continental crust. Geochimica et Cosmochimica Acta, 1955, 59(7): 1217-1232.

［5］牟堡垒. 元素地球化学. 北京: 北京大学出版社, 1999.

［6］Boström K, Fisher D E. Distribution of mercury in East sediments. Geochimica et Cosmochimica Acta, 1969, 33: 743-745.

［7］Loukola-Ruskeeniemi K, Kantola M, Halonen T, et al. Mercury-bearing black shales and human Hg intake in eastern Finland: impact and mechanisms. Environmental Geology, 2003, 43(3): 283-297.

［8］Cameron E M, Jonasson I R. Mercury in Precambrain shales of the Canadian Shield. Geochimica et Cosmochimica Acta, 1972, 36: 985-1005.

［9］黄文辉, 杨宜春. 中国煤中的汞. 中国煤田地质, 2002, 14(增刊): 37-40.

［10］Toole-O' Neil B, Tewalt S J, Finkelman R B, et al. Mercury concentration in coal unraveling the puzzle. Fuel, 1999, 78: 47-54.

［11］王起超, 沈文国, 麻壮伟. 中国燃煤汞排放量估算. 中国环境科学, 1999, 19(4): 318-321.

［12］Ehmann W D. The abundance of mercury in meteorites and rocks by neutron activation analysis. Geochimica et Cosmochimica Acta, 1967, 31: 357-367.

［13］迟清华. 汞在地壳、岩石和疏松沉积物中的分布. 地球化学, 2004, 33(6): 641-648.

［14］Dini A, Benvenuti M, Cost agliola P, et al. Mercury deposits in metamorphic settings: the example of Levigliani and Ripamines, Apuane Alps (Tuscany, Italy). Ore Geology Reviews, 2001, 18(3-4): 149-167.

［15］Varekamp J C, Buseck P R. The speciation of Hg in hydrot hermal systems, with applications for ore deposition. Geochimica et Cosmochimica Acta, 1984, 48(7): 177-185.

［16］Marowsky G, Wedepohl K H. General trends in the behavior of Cd, Hg, Tl and Bi in some major rock forming processes. Geochimica et Cosmochimica Acta, 1971, 35: 1255-1267.

［17］徐永昌. 天然气成因理论及应用. 北京: 科学出版社, 1994.

［18］Roulet M, L ucotte M, Sain-t Aubin A, et al. The geochemistry of mercury in central Amazonian soils developed on the Alter-do-Chao formation of the lower Tapajós River Valley, Parástate, Brazil. The Science of the Total Environment, 1998, 223: 1-24.

［19］Mercury in petroleeum and natural gas: estimation of emissions from production, processing, and combustion. Environmental Protection Agency, 2001.

［20］Гдущко В В. Ртуть в газах продуктивных горизонтов верхнего палеозоя Северозападной Европы. Реол Нефти и Раза, 1974, 10: 44-48.

［21］Зорькин Л М. Содерж ание ртути в газах некоторых газовых и газоконденсатных месторождений СР.

Реол Нефти и Raзa, 1974, 10: 48-51.

[22] 涂修元. 河南泌阳凹陷天然气中汞的分布. 石油与天然气地质, 1980, 1(3): 241-247.

[23] 涂修元, 吴学明. 鉴别煤成气的辅助指标——汞蒸汽. 见: 中国石油学会石油地质委员会. 石油地质进展丛书 3: 天然气勘探. 北京: 石油工业出版社, 1986: 180-186.

[24] 涂修元, 吴学明, 陶庆才. 论我国天然气中汞分布的几个特征. 见: 中国石油学会石油地质委员会. 有机地化和陆相生油. 北京: 石油工业出版社, 1986: 305-314.

[25] Озерова Н А. Новыйрту тный пояс в Западной Европе. Геология Рудных Месторож Дерий, 1981, 23(6): 17-21.

[26] 戴金星, 宋岩, 关德师, 等. 鉴别煤成气的指标. 见: 煤成气地质研究编委会. 煤成气地质研究. 北京: 石油工业出版社, 1987: 156-170.

[27] 腾文超, 沈平, 张同伟, 等. 陕甘宁盆地汞的地球化学特征及找气意义. 中国科学院兰州地质研究所生物、气体地球化学开放研究实验室研究年报(1987). 甘肃: 科学技术出版社, 1988.

[28] 张同伟, 王先彬. 陕甘宁盆地近地表土壤中汞的地球化学特征及其与油气关系. 沉积学报, (1): 115-121.

[29] 陈践发, 妥进才, 李春园, 等. 辽河坳陷天然气中汞的成因及地球化学意义. 石油勘探与开发, 2000, 27(23): 22-24.

[30] 陈践发, 王万春, 朱岳年, 等. 含油气盆地中天然气汞含量的主要影响因素. 石油与天然气地质, 2001, 22(4): 352-354.

[31] 吴学明, 赵文献. 国外油气化探新进展. 石油勘探与开发, 1995, 22(2): 34-38.

[32] 戴金星, 戚厚发, 郝石生, 等. 天然气地质学概论. 北京: 石油工业出版社, 1989, 24-27.

[33] 刘英俊, 曹励明, 李兆麟, 等. 元素地球化学. 北京: 科学出版社, 1986.

[34] 姚学良, 朱礼学, 游再平, 等. 成都平原西部汞异常探秘. 物探化探计算术, 1999, 28(4): 307-313.

[35] 张慧, 王长岭. 观测深度对断层气(氡、汞)测量的影响. 地震, 1995, 2: 150-156.

沁水盆地南部地区煤层气汞含量特征简析*

韩中喜，严启团，李 剑，葛守国，垢艳侠

0 引言

汞是天然气中一种普遍存在的非烃类组分，其含量变化范围很大[1]。例如，在德国北部的一些气田天然气汞含量可达 450～5000μg/m³，而在美国和非洲的一些地区天然气汞含量常常在 10ng/m³ 以下。高含汞天然气对人体和天然气生产设备危害极大，高浓度的汞蒸气会在很短时间内致人呼吸困难，发生昏厥甚至是死亡[2]；当甲基汞侵入胎盘时，就会干扰生殖细胞染色体的正常遗传，导致后代变异，引起胎儿畸形[3]；在天然气加工过程中，汞还会腐蚀设备，尤其是对于铝质容器的腐蚀更为严重。1973 年，阿尔及利亚的 Skikda 天然气液化厂铝制换热器发生灾难性事故，调查表明汞腐蚀是事故的主要原因[4]。在液化气生产过程中，世界各国对汞的控制是相当严格的，液化用天然气汞含量不宜超过 10ng/m³ [5]。

煤层气作为一种优质的天然气资源，近年来得到快速发展。沁水盆地南部地区在天然气勘探与开发利用方面走在了全国的前列，并且已从试验阶段进入实质性开发阶段。关于天然气汞的成因，目前存在两种假说[6]，一是煤系成因说，即认为天然气中的汞来自于煤系地层，在煤岩演化过程中，汞以挥发分的形式随天然气一起聚集在天然气藏中；二是岩浆成因说，即认为天然气中的汞来自于幔源岩浆的脱气作用。近年来在我国沁水盆地南部发现了大量的煤层气资源，煤层气不仅来自于煤层而且保存于煤层，并且该地区煤系地层中存在着大量岩浆活动的痕迹及区域岩浆热变质作用的特征[7]，因此，该地区极有可能出现含汞量很高天然气，认清该地区汞含量特征对于我国煤层气开发和利用意义重大。

1 地质概况

沁水盆地位于太行隆起以西，汾渭地堑以东，北以孟县隆起为界，南以中条山隆起为界，是中生代末在古生界基底上发育形成的近南北向大型复式向斜构造盆地[8]。该地区自下而上钻遇的主要地层有峰峰组（O_2f）、本溪组（C_2b）、太原组（C_3t）、山西组（P_1s）、下石盒子组（P_1x）、上石盒子组（P_2s）、石千峰组（P_2sh）和第四系（Q）。沁水盆地南部地区是我国发现并投入开发的第一个高煤阶煤层气试验区（图1）。含气煤层为下二叠统山西组 3#煤和上石炭统太原组 15#煤，煤层分布稳定，单层厚度通常大于 6m，煤层埋藏较浅，通常不超过 1000m。煤层含气量高，一般在 10～20m³/t，最高可达 37m³/t，该气田为典型的吸附型煤层。气体组成以甲烷为主，含量在 99%以上，另外含有少量的氮气和二氧化碳。

沁水盆地南部煤系地层中存在着大量岩浆活动的痕迹及区域岩浆热变质作用的特征，

---

* 原载于《天然气地球科学》，2010 年，第 21 卷，第 6 期，1054～1056。

高变质煤的存在与岩浆活动密切相关[9]。研究表明沁水盆地南部古地温发展过程经历了3个主要阶段：在古生代—中生代中期，沁水盆地地温梯度较低；而在中生代晚期古地温梯度异常偏高，深部岩浆活动导致该区地温梯度高达 8.0℃/100m；晚白垩世以来地温梯度逐渐降低，现今地温梯度为 2.8℃/100m[10]。

图 1　沁水盆地南部地区煤层气试验区所在位置

2　煤层气汞含量特征

自 20 世纪 90 年代，沁水盆地南部地区就开展了煤层气勘探开发试验工作，截至目前已在该区樊庄、潘庄和郑庄等区块取得良好成果，最高日产 $1.6×10^4m^3$，平均稳产 2000～3000m^3。笔者选取樊庄区块的 7 口煤层气井和蓝焰公司 1 处煤层气液化站作为研究对象。

虽然煤层气与常规天然气在组成方面有所不同，但仍然属于天然气的范畴。因此，在进行煤层气汞含量检测时，笔者采用国际标准化组织 2003 年推荐标准（ISO6978-2）作为检测依据，检测仪器为德国 Mercury Instruments 公司生产的 UT 3000 痕量测汞仪。该仪器检测精度高（在进样量为 1L 的条件下，仪器检测范围为 10～5000ng/m^3），抗干扰能力强，自动化程度高。其基本工作原理是：首先将被测气体中的汞捕集到仪器内部的金阱之上，随后金阱迅速升温至 700℃，这样捕集到金阱上的汞就会以气态的形式完全被解吸下来，最后在清洁气流的吹扫下送入原子吸收光学单元，并在 273.7nm 波长处进行检测。

由于大多数材料对汞均具有很强的吸附性，本次检测在取样时所使用的管线均为不锈钢和硅胶材料制成，采样袋为 Tedlar 材料制成，尽可能避免了采样过程中对检测结果的影响。

检测结果表明，虽然樊庄区块 7 口煤层气井开采深度不同，为 512～889m，但煤层气汞含量均显示很低的特征，小于 10ng/m^3；蓝焰公司一处煤层气站也显示了类似的结果，该液化站煤层气来自于潘庄区块 140 余口煤层气井（表 1）。

表 1　沁水盆地南部地区煤层气汞含量数据表

采样位置	深度/m	汞含量/(ng/m^3)
晋试 5-7	889	<10
固 6-10	616	<10

续表

采样位置	深度/m	汞含量/(ng/m³)
蒲 1-5	512	<10
华溪 4-10	715	<10
华溪 7-14	724	<10
蒲南 2-7	711	<10
华蒲 7-14	702	<10
樊平 1-1	515	<10
蓝焰公司液化站	—	<10

3 成因分析

按照天然气中汞的成因假说，沁水盆地南部煤层气已经具备了形成高含汞天然气的物质基础，即该地区煤层气不仅来自于煤系地层，而且存在有中生代晚期的火山活动，但检测结果则恰恰相反。进一步研究发现，天然气中汞的成因假说只是就汞的来源给出了自己的解释。而天然气中汞的形成还与其保存条件，即地层温度有关。

在常温下，汞对各种物质均显示出较强的吸附性，尤其是煤等腐殖型有机质。在一定温度条件下，汞对不同物质的吸附性均表现为吸附和脱附两个同时存在的过程，直至达到某一平衡状态，温度越低吸附量越大。为了验证这一现象，笔者做了如下实验：实验装置如图 2 所示，为保证较高的控温效果（控温精度±1℃），选取电热鼓干燥箱作为加热单元。将煤样粉碎成 10～18 目大小的颗粒，装入直径为 6mm、长为 18cm 的玻璃管，两端用脱脂棉封堵，从而制得煤粉管，每支装入煤粉量为 2g。设定电热鼓干燥箱加热温度，待温度稳定后，启动气泵，用 1mL 注射器抽取饱和汞蒸气从注射口注入，在气流的带动下饱和汞蒸气依次通过煤粉管和水浴降温槽，最后被金阱吸附，吸附汞后的金阱随后被送入原子吸收光谱仪进行检测。所有连接部件均为硅胶和玻璃制品。

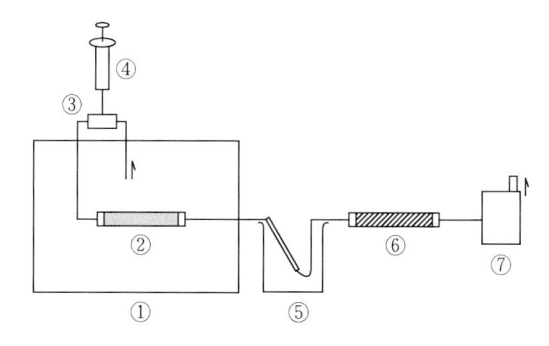

图 2 煤粉加热吸汞、释汞实验装置示意图
①电热鼓干燥箱；②煤粉管；③注射口；④注射器；⑤水浴降温槽；⑥金阱；⑦气泵

在实验过程中，加热温度从 60℃开始，每 20℃一个间隔，一直加热到 160℃。检测结果如表 2 所示，可以看出，当加热温度低于 100℃时，金阱吸附汞量小于注入的汞量；当加热温度高于 120℃时，金阱吸附汞量大于注入的汞量。因此，煤粉吸汞和释汞的平衡点

位于 100～120℃。

表 2 不同加热温度下金阱吸附汞量

干燥箱温度/℃	注射器注入汞量/ng	金阱吸附汞量/ng
60	20.18	17.96
80	20.18	18.30
100	20.18	19.48
120	20.18	20.90
140	20.18	47.53
160	20.18	85.40

沁水盆地南部平均地温梯度大体为 3.53℃/100m，煤层埋藏普遍较浅，一般不超过 1000m，由此计算地层温度通常不会超过 56℃[11]。在此地层温度条件下，煤系有机质将会对汞具有强烈的吸附作用，这是导致该地区煤层气汞含量很低的根本原因。

4 结论

虽然天然气中汞的形成与煤系有机质和地质热事件（尤其是火山活动）有关，但这并不是高含汞天然气形成的充分条件。检测结果表明，沁水盆地南部煤层气普遍含汞很低，均在 10ng/m^3 以下。研究发现温度是决定煤系有机质吸汞和释汞的根本因素，沁水盆地南部煤层汞含量特征与较低的地层温度有关。

参 考 文 献

[1] 徐永昌. 天然气成因理论及应用. 北京: 科学出版社, 1994: 295-302.

[2] 吴少武. 氡射气浓度和汞量测量技术的现状与应用. 地球科学进展, 1989, (4): 16-19.

[3] 侯路, 戴金星, 胡军, 等. 天然气中汞含量的变化规律及应用. 天然气地球化学, 2005, 16(4): 514.

[4] Zdravko S. Innovative approach to the mercury control during natural gas processing. Houston: ETCE 2001-Environmental Symposium, 2001.

[5] McIntosh S A, Noble J R, Ramlakhan C D. Moving natural gas across ocean. Oilfield Review, 2008: 54.

[6] 刘全有, 李剑, 侯路. 油气中汞及其化合物样品采集与试验分析方法研究进展. 天然气地球科学, 2006, 17(4): 562-564.

[7] 陈振宏, 宋岩, 秦胜飞. 沁水盆地南部煤层气藏的地球化学特征. 天然气地球科学, 2007, 18(4): 561.

[8] 闫宝珍, 王庭斌, 丰庆泰, 等. 基于地质主控因素的沁水盆地煤层气富集划分. 煤炭学报, 2008, 33(10): 1102.

[9] 赵孟军, 宋岩, 苏现波, 等. 决定煤层气地球化学特征的关键地质时期. 天然气工业, 2005, 25(1): 51-54.

[10] 任战利, 肖晖, 刘丽, 等. 沁水盆地构造-热演化史的裂变径迹证据. 科学通报, 2005, 50(增刊): 87-92.

[11] 孙占学, 张文, 胡宝群, 等. 沁水盆地地温场特征及其与煤层气分布关系. 科学通报, 2005, 50(增刊Ⅰ): 93.

天然气汞含量作为煤型气与油型气判识指标的探讨[*]

韩中喜，李 剑，严启团，王淑英，葛守国，王春怡

0 引言

判别煤型气和油型气的方法有很多，最常见的有烷烃碳同位素法、轻烃法和生物标志化合物法，其他的方法还有气组分法和汞含量法[1]。虽然汞含量法作为鉴别煤型气和油型气的一种有效方法已经被很多学者所接受[2-4]，但在实际工作过程中采用该方法的并不多。究其原因主要有两个，一是天然气中汞的形成机制认识不清，尽管大多数学者认为天然气中的汞主要来自于气源岩[5-7]，但仍然有部分学者认为天然气中的汞主要来自于地壳深部[8-9]；二是天然气汞含量作为煤型气和油型气判识指标界限的认识还有待进一步深化，戴金星根据国内外 12 个盆地（四川、渤海湾、鄂尔多斯、江汉、南襄、苏北、琼东南、松辽、中欧、北高加索、卡拉库姆及德涅波-顿涅茨）的煤型气和油型气汞含量资料进行分析认为煤型气汞含量为 $10×10^6 \sim 3×10^6 ng/m^3$，通常大于 $700ng/m^3$，油型气汞含量在 $4×10^6 \sim 1.42×10^6 ng/m^3$，通常小于 $600ng/m^3$[10]，但这一指标在实际使用过程中还存在一些困难，因此有必要对该项指标作进一步探讨。

1 天然气中汞的形成机制

越来越多的证据表明天然气中的汞主要来自于气源岩（尤其是煤），而非地壳深部。这是因为成煤的腐殖质对汞具有很强的吸聚能力，腐殖质胶体吸附量平均为 $3 \sim 4g/kg$，在相同地质环境中比其他一切胶体的吸附量都高，如腐殖泥含汞量高达 $1000\mu g/kg$ 以上，而一般淡水沉积物只有 $73\mu g/kg$ 左右[11]。Kevin 和王起超等学者曾对美国和中国不同产煤区煤的汞含量进行过统计[12-13]，这些地区煤的汞含量为 $0.003×10^3 \sim 2.9×10^3 ng/g$（表 1），中国不同地区煤的平均汞含量为 $0.202×10^3 ng/g$，戴金星曾对不同煤阶的煤产气率做过统计，煤的产气率一般为 $206 \sim 458 m^3/t$[14]（表 2），按照最高产气率计算，假设煤中的汞全部释放则由此形成的天然气汞含量可以达到 $6550 \sim 6331877 ng/m^3$。目前世界上已知的最高天然气汞含量也未超过这一范围，德国武斯特罗夫气田天然气汞含量为 $30×10^6 ng/m^3$[11]。

虽然煤系有机质具备形成高含汞天然气的物质基础，但并不是所有的煤型气均具有较高的天然气汞含量。笔者曾对沁水盆地南部煤层气勘探开发试验区樊庄区块的 8 口煤层气井进行了汞含量分析，检测结果表明这些井天然气汞含量很低，均小于 $10ng/m^3$[15]（表 3）。

---

[*] 原载于《石油学报》，2013 年，第 34 卷，第 2 期，323～327。

这说明天然气汞含量高低不仅与天然气类型有关，也受其他因素的控制。

表 1 美国与中国不同产煤区煤中汞含量[12-13]

美国地区	汞含量/(μg/g) 含量范围	平均值	中国地区	汞含量/(μg/g) 含量范围	平均值
Appalachian	0.003～2.9	0.20	黑龙江	0.02～0.63	0.12
Eastern Interior	0.007～0.4	0.10	吉林	0.08～1.59	0.33
Fort Union	0.007～1.2	0.13	辽宁	0.02～1.15	0.20
Green River	0.003～1.0	0.09	北京	0.06～1.07	0.28
Hams Fork	0.02～0.6	0.09	内蒙古	0.23～0.54	0.34
Gulf Coast	0.01～1.0	0.22	安徽	0.14～0.33	0.22
Pennsylvania	0.003～1.3	0.18	江西	0.08～0.26	0.16
Powder River	0.003～1.4	0.10	河北	0.05～0.28	0.13
Raton Mesa	0.01～0.5	0.09	山西	0.02～1.59	0.22
San Juan River	0.003～0.9	0.08	陕西	0.02～0.61	0.16
South West Utah	0.01～0.5	0.10	山东	0.07～0.30	0.17
Uinta	0.003～0.6	0.08	河南	0.14～0.81	0.30
Western Interior	0.007～1.6	0.18	四川	0.07～0.35	0.18
Wind River	0.007～0.8	0.18	新疆	0.02～0.05	0.03

表 2 不同煤阶煤产气率数据表[14]

煤阶	镜质组反射率（R_o）/%	煤的产气率/(m³/t)
褐煤	<0.50	38～68*
长烟煤	0.50～0.65	42～99
气煤	0.65～0.90	45～126
肥煤	0.90～1.20	64～179
焦煤	1.20～1.70	86～244
瘦煤	1.70～1.90	124～298
贫煤	1.90～2.50	152～389
无烟煤	>2.50	206～458

* 褐煤前产气率系借用国外文献数据。

研究表明，一定温度下，煤吸汞和释汞是一个动态的过程，温度越低煤对汞的吸附量越大，温度越高吸附量越低。为了验证这一现象，笔者做了如下实验：实验装置如图 1 所示，为了达到较高的控温精度（±1℃），选取电热鼓干燥箱作为加热单元。首先将煤样粉碎成 10～18 目大小的颗粒，装入直径为 6mm、长为 18cm 的玻璃管，两端用脱脂棉封堵，由此制得煤粉管，每支装入煤粉量为 2g，煤粉汞含量为 57ng/g。设定电热鼓干燥箱加热温度，待温度稳定后，启动气泵，用 1mL 注射器抽取饱和汞蒸气从注射口注入，在气流的带动下汞蒸气依次通过煤粉管和水浴降温槽，最后被金阱吸附，吸附汞后的金阱可通过原子吸收光谱仪检测其吸附的汞量。所有连接部件均为硅胶和玻璃制品。

表3 沁水盆地南部地区煤层气汞含量数据表[15]

采样井号	深度/m	汞含量/(ng/m³)
晋试5-7	889	<10
固6-10	616	<10
蒲1-5	512	<10
华溪4-10	715	<10
华溪7-14	724	<10
蒲南2-7	711	<10
华蒲7-14	702	<10
樊平1-1	515	<10

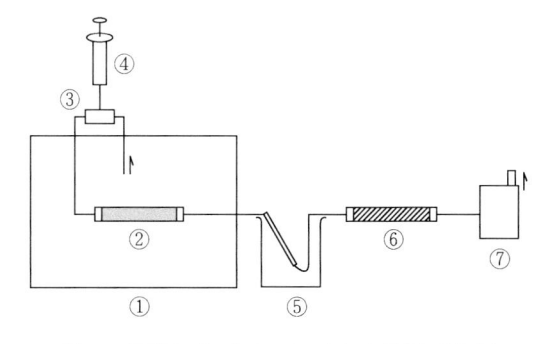

图1 煤粉加热吸汞、释汞实验装置示意图

①电热鼓干燥箱；②煤粉管；③注射口；④注射器；⑤水浴降温槽；⑥金阱；⑦气泵

在实验过程中，加热温度从60℃开始，每20℃一个间隔，一直加热到160℃。检测结果如图2所示。

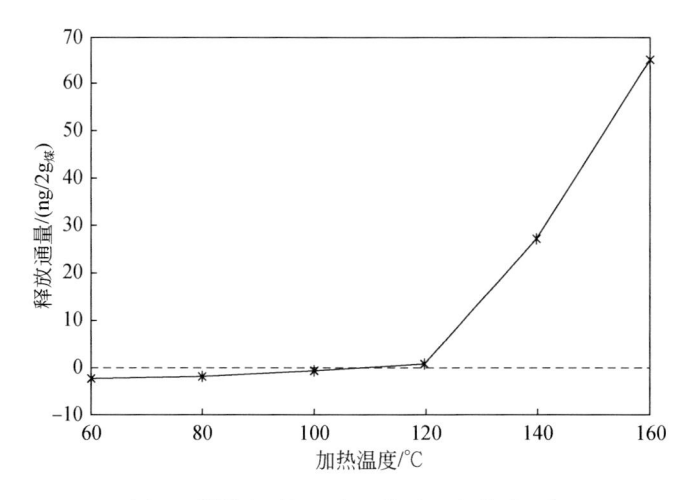

图2 煤粉在不同温度下的吸汞和脱汞现象

可以看出，当加热温度低于 100℃时，金阱所吸附汞量小于注入的汞量；当加热温度高于 120℃时，金阱吸附汞量大于注入的汞量。因此可以判断，煤粉吸汞和释汞的平衡点位于 100~120℃，大体为 110℃。这表明虽然作为生气母质的煤虽然具备形成高含汞天然气的物质基础，但当气源岩地层温度过低时，煤中的汞很难被释放出来，甚至还会将环境中的汞吸聚起来，这样形成的天然气汞含量会很低。只有当气源岩达到一定温度后，煤中的汞才会在热力的作用下释放并进入气藏。因此气源岩类型和地层温度共同决定了天然气汞含量的高低。这里的地层温度既包括天然气生成时的气源岩层温度，又包括天然气现今所在储层的地层温度。这一结论与目前已知的全球高含汞气田的分布是一致的，这些高含汞气田所在地质背景强烈，岩浆活动比较发育，地温梯度相对较高，产气层与气源岩层埋藏深度往往较深，地层温度通常超过 100℃。荷兰格罗宁根（Groningen）气田是世界上著名的高含汞气田，根据 Bingham 报道，该气田天然气汞含量大体为 180μg/m³[16]，格罗宁根气田位于欧洲北海含油气区的西荷兰盆地，主要烃源岩层为上石炭统的煤层，产层为埋藏深度为 2700m 的赤底砂岩，气层温度为 107℃[17]。泰国湾地区天然气也具有较高的天然气汞含量，根据 Wilhelm 的统计，泰国湾地区天然气汞含量在 100~400μg/m³[18]。泰国湾地区的沉积盆地形成于第三纪，盆地形成初期花岗岩侵入活动发育，主要烃源岩层为沼泽相暗色泥岩和煤层，地温梯度在 5℃/100m 以上，气藏埋深为 2000~2600m，气层温度在 120℃以上[19-20]。岩浆等地热活动为气源岩中汞的释放提供了丰富的热力，并确保了进入气层的汞不会因为温度过低而被围岩中的有机质和黏土矿物吸附。

2 天然气汞含量作为判识指标的适用性

为搞清天然气汞含量与天然气类型之间的关系，笔者对中国陆地上八大含气盆地（松辽、渤海湾、鄂尔多斯、四川、沁水、塔里木、准噶尔及吐哈）中的 500 多口气井开展了天然气汞含量检测，并对其中部分气井进行了天然气烷烃碳同位素分析（表4）。在进行天然气汞含量检测时借鉴国际标准化组织 2003 年推荐标准 ISO6978-2，但由于该标准采样方法只适用于天然气处理厂外输气，对于含油、含水较多的井口天然气则不适用。为消除油、水的干扰，笔者首先将天然气通入气体采样袋，然后静置片刻，待油、水从天然气中分离后，再将天然气通入测汞仪检测。大量实验分析表明该方法检测数据具有很好的重复性和再现性。另外，该方法同样适用于天然气处理厂外输气，并与 ISO6978-2 标准方法具有很好的可比性。

表4 我国部分盆地气井天然气汞含量与甲烷、乙烷碳同位素数据表

盆地名称	气田名称	井号	汞含量/(ng/m³)	$\delta^{13}C_{CH_4}$/‰	$\delta^{13}C_{C_2H_6}$/‰
鄂尔多斯盆地	榆林	榆 32-15	1290	-33.0	-25.6
		榆 42-6	483	-31.3	-25.5
		陕 211	24900	-33.0	-25.2
		榆 29-10	29800	-33.4	-24.3
		榆 28-12	13600	-33.2	-26.3
		榆 28-2	1490	-33.6	-32.3

续表

盆地名称	气田名称	井号	汞含量/(ng/m³)	$\delta^{13}C_{CH_4}$/‰	$\delta^{13}C_{C_2H_6}$/‰
鄂尔多斯盆地	榆林	陕141	7890	-33.3	-25.8
		榆26-12	9670	-32.5	-25.9
		榆27-01	5230	-33.1	-30.8
		榆50-5	630	-33.7	-29.3
	靖边	陕193	291	-32.3	-30.7
		陕45	469	-41.5	-35.0
		G6-11B	540	-32.3	-30.7
	苏里格	苏14-9-34	118000	-32.6	-23.2
		苏14-9-32	1960	-32.4	-22.7
		苏36-2-4	45000	-33.8	-23.0
		苏36-7-4	5500	-34.0	-23.0
		苏10-39-55	1800	-32.3	-23.1
		苏5-5-28	152000	-32.0	-23.1
		苏5	122000	-32.5	-22.9
四川盆地	九龙山	龙9	42000	-30.4	-27.9
		龙8	36200	-30.8	-27.0
		龙10	40500	-30.4	-27.7
	八角场	角42	3300	-38.2	-27.8
		角33	34200	-38.4	-26.3
		角47	23800	-38.7	-26.1
		角48	61400	-40.3	-26.5
		角49	6190	-37.0	-27.3
	威远	威5	<10	-32.0	-35.7
		威93	<10	-32.3	-36.2

研究表明，当乙烷碳同位素低于-28‰时，天然气汞含量一般不超过，当乙烷碳同位素高于-28‰时，天然气汞含量总体随乙烷碳同位素值的增加而迅速变大（图3）。煤型气汞含量算术平均值约 30μg/m³，油型气汞含量算术平均值则只有 3μg/m³，煤型气汞含量总体要高出油型气一个数量级。除此以外，煤型气汞含量拥有比油型气更大的分布范围，油型气汞含量为 0～30μg/m³，煤型气则为 0～2240μg/m³。

油型气汞含量一般不超过 30μg/m³，因此对于汞含量超过 30μg/m³ 的天然气来说可以基本判定为煤型气。而对于汞含量介于 10～30μg/m³ 的天然气来说，由于油型气汞含量只有 5%左右位于该区间，在结合其他地质资料的情况下也可比较容易得出合理的结论。但当天然气汞含量介于 5~10μg/m³，甚至更低时，天然气汞含量只能作为判识煤型气和油型气的辅助参数（表5）。

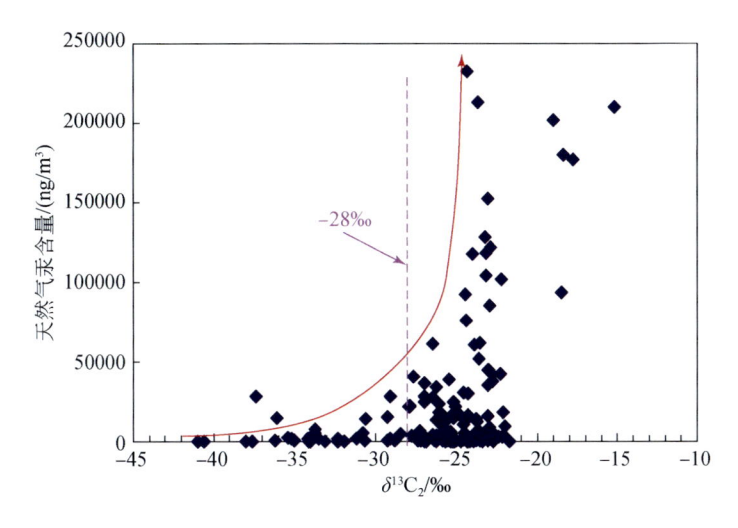

图 3　天然气汞含量与乙烷碳同位素组成关系图

表 5　煤型气和油型气天然气汞含量统计分布数据表

汞含量/(μg/m³)	≤5	5~10	10~30	>30
煤型气分布/%	30	20	20	30
油型气分布/%	85	10	5	0

3　结论

（1）气源岩类型和其所经历的最高地层温度及现今气层温度共同决定了天然气汞含量的高低。煤系有机质具备形成高含汞天然气的物质基础，但只有当气源岩层达到一定温度（110℃）后，气源岩中的汞才可能被大量释放并进入气层。气层只有保持一定的地层温度才能确保天然气中的汞不会因为温度过低而被围岩中的有机质和黏土矿物吸附掉。

（2）煤型气汞含量总体要远高于油型气一个数量级，煤型气汞含量算术平均值为 30μg/m³ 左右，而油型气汞含量算术平均值则只有 3μg/m³ 左右。煤型气汞含量拥有比油型气更大的分布范围，油型气汞含量介于 0~30μg/m³，煤型气则介于 0~2240μg/m³。

（3）当天然气汞含量大于 30μg/m³ 时，可基本判断该天然气类型为煤型气。当天然气汞含量介于 10~30μg/m³ 时，其为煤型气的概率较大，在结合其他地质资料的情况下也可比较容易得出合理的结论。但当天然气汞含量介于 5~10μg/m³，甚至更低时，天然气汞含量只能作为判识煤型气和油型气的辅助参数。

参 考 文 献

[1] 戴金星, 裴锡古, 戚厚发. 中国天然气地质学(卷一). 北京: 石油工业出版社, 1992: 69-87.
[2] 党振荣, 刘永斗, 王秀, 等. 苏巧潜山油气藏烃源讨论. 石油学报, 2001, 22(6): 18-23.
[3] 张虎权, 王廷栋, 卫平生, 等. 煤层气成因研究. 石油学报, 2007, 28(2): 29-32.

[4] 石彦民, 于俊利, 廖前进, 等. 黄骅坳陷孔西地区油气的地球化学特征及油源初探. 石油学报, 1998, 19(2): 5-11.

[5] 李剑, 严启团, 汤达祯. 天然气中汞的成因机制与分布规律预测. 北京: 地质出版社, 2011: 153-155.

[6] 韩中喜, 严启团, 王淑英, 等. 辽河坳陷天然气汞含量特征简析. 矿物学报, 2010, 30(4): 508-511.

[7] 李剑, 韩中喜, 严启团, 等. 中国气田天然气中汞的成因模式. 天然气地球科学, 2012, 23(3): 413-418.

[8] 涂修元. 天然气和表土中汞蒸气含量及分布特征. 地球化学, 1992, (3): 294.

[9] Zettlitzer M, Scholer H F, Eiden R, et al. Determination of elemental, inorganic and organic mercury in north German gas condensates and formation brines. Texas: International Symposium on Oilfield Chemistry, 1997.

[10] 戴金星, 戚厚发, 郝石生. 天然气地质学概论. 北京: 石油工业出版社, 1989: 68-70.

[11] 戴金星. 煤成气的成分及成因. 天津地质学会志, 1984, 2(1): 16-18.

[12] Galpeath K C, Zygarlicke C J. Mercury transformation in coal combustion flue gas. Fuel Processing Technology, 2000, (65): 289-310.

[13] 王起超, 沈文国, 麻壮伟. 中国燃煤汞排放量估算. 中国环境科学, 1999, 19(4): 318-321.

[14] 戴金星, 戚厚发, 王少昌, 等. 我国煤系的油气地球化学特征、煤成气藏形成条件及资源评价. 北京: 石油工业出版社, 2001.

[15] 韩中喜, 严启团, 李剑, 等. 沁水盆地南部地区煤层气汞含量特征简析. 天然气地球科学, 2010, 21(6): 1054-1059.

[16] Bingham M K. Field detection and implications of Mercury in natural gas. SPE Production Engineering, 1990, 5(2): 120-124.

[17] 李国玉, 金之钧. 世界含油气盆地图集. 北京: 石油工业出版社, 2005: 451-453.

[18] Wilhelm S M, McArthur A. Removal and treatment of mercury contamination at gas processing facilities. Houston: SPE 29721, 1995.

[19] 藤原, 昌史. 使用三维地震反射资料综合解释泰国海上气田的含气砂岩层. 石油技术协会, 1986, 51(1): 83-90.

[20] 姜伟. 美国 Unocal 公司在泰国湾的钻井技术. 石油钻采技术, 1995, 17(6): 43-48.

油气中汞及其化合物样品采集与实验分析方法研究进展[*]

刘全有，李　剑，侯　路

0　引言

汞（Hg）是最重的过渡金属之一，通常易挥发并形成单原子汞蒸气。在自然界，汞主要呈 Hg^0、Hg^{1+}、Hg^{2+} 价态存在，绝大多数以游离汞与无机汞形式存在。无机汞主要包括氧化汞、氯化汞、硫化汞和氢氧化汞。在自然界中，也存在有机汞，主要包括两种形式：R—Hg—X 和 R—Hg—R，其中 R 为有机物质（如—CH_3），X 为无机离子（如 Cl^-、NO_3^-、OH^-），R—Hg—X 多为一个甲基的化合物，而 R—Hg—R 主要为二甲基汞化合物。在汞化合物中，通常含有 Hg—Hg 键结合的化合物，但在自然界很不稳定，且稀少。自然环境中汞很难被氧化，洒落在土壤中的汞在缺乏温度和细菌的情况下，一般呈汞原子形式存在。汞只有在强氧化剂下才能被氧化，如卤族元素、过氧化物、硝酸和高浓度硫酸。在硫酸岩还原菌作用下，汞易被氧化和甲基化。汞元素和汞化合物在水中具有选择溶解性和挥发性，而 HgS 均不溶于水和油。在自然界中，金、银、铜、锌和铝与汞易形成汞的金属融合物。这些金属元素在汞中溶解度相对较低，锌在汞中的溶解度大约为 2g Zn/100g Hg，而金的仅为 0.13g Au/100g Hg，银、铜、铝甚至比金的溶解度还要低。汞对金的亲和性对在实验中收集汞具有重要意义。最近 20 年来，随着分析手段与仪器精度的不断提高，对汞及其化合物有了更深入的描述。在自然界中，如果汞的总量是恒定的，那么生物圈中的汞就是不断变化的。因为随着工业革命的开始，生物圈中的汞不断地增加，而造成这种增加的主要原因是人类活动，包括煤炭燃烧、垃圾物释放、工业污水排放和油气化工加工等。如果生物圈中汞来源于自然界与人类活动，那么自然界的汞主要包括火山活动、土壤剥蚀、海洋、河流与湖泊中含汞矿物的溶解以及与人类活动无关的其他途径等。空气被认为是汞运移的最重要途径，因为通过空气流动可以将工业区释放的汞搬运到远离工业区。全球每年通过自然界、人类活动和海洋散失等方式释放到空气中的汞大约为 5000t。大多数空气中的汞以蒸气形式存在，有时可在空气中滞留 1 年多，这样通过空气流动将汞带到远离汞的释放地。降水是汞回到地面的一种方式，而地面水中的汞又可以通过蒸发回到空气。同时，陆地上的汞通过植物蒸发或吸附作用到流动的颗粒物上而重新回到空气。汞从空气、陆地和水之间的循环可能经历多次化学和物理转化。有些转化过程以及转化率仍然有待进一步研究。

---

[*] 原载于《天然气地球科学》，2006 年，第 17 卷，第 4 期，559～565。

1 样品采集

由于汞及其化合物相态的多变性、在一些样品容器中物种之间的转化性和在塑料容器中非极性化合物的损失以及汞在样品容器上的吸附等原因，造成油气中汞样的采集极为困难。在温度较高和有压力井口或管口采集样品时，样品容器中易挥发的汞及其化合物[Hg(CH$_3$)$_2$]一般介于气液之间；如果需要确定油气中汞含量，就需对气液中汞都进行测试分析，然后进行质量平衡。由于Hg^{0}和R—Hg—R在水中的低溶解度，它们在油水共相中一般占总汞比例较低。但以离子形式存在的汞易溶于水，因此它们在油气和水中的比例主要依赖于pH、盐度、温度和其他因素。在呈酸性的水溶液中，油水界面之间将形成一层富含汞的薄层。为了获得可靠数据，需要对样品采集和分析过程进行精心设计。由于汞的吸附作用增加了测定汞含量和实际量之间差额的不确定性。装有液化样品容器的汞一般比实际样品中汞含量偏低就是由于容器壁上腐蚀物与汞发生吸附或化学反应造成的[1]。

1.1 天然气中游离汞

天然气中汞多数为Hg^{0}和少量Hg(CH$_3$)$_2$。由于烃类的干扰，很难对天然气中汞含量进行直接测试分析。一般采取将一定体积的气体通过吸附或其他方式把汞富集，然后进行分析。富集方法一般分为干收集法、湿收集法和碘化物浸渍活性炭收集法。干收集法主要是将汞（Hg^0）融合在金、银或金/铂（镶嵌在石英上）等金属上。含汞天然气必须缓慢地通过金属收集井以便定量计算汞含量。汞合金在惰性气流下加热蒸发成汞蒸气，然后进行分析测试（图1）。以汞合金方式收集汞对于干气是非常有效的。如果天然气组分较湿，可以通过加热金属收集器来降低烃类的凝析，但不会影响汞的有效收集。对于Hg(CH$_3$)$_2$的收集效果主要依赖于天然气化学组成，因为重组分易吸附在收集井上而干扰Hg(CH$_3$)$_2$的有效收集。但是可以通过加热收集井（80℃）来克服重烃的干扰[2]。湿收集法是将天然气中汞溶于高锰酸，高锰酸将Hg^{0}氧化为Hg^{2+}，然后Hg^{2+}通过二氯化锡还原为Hg^0，最后通过稀有气体分离并分析测试。如果天然气有足够的量，那么这种方法既准确又灵敏，但样品收集井一般比较笨重而且对气体量要求大。碘化物浸渍活性炭收集法也可从天然气中收集汞。当汞从定量天然气中富集后，炭/KI收集井被连接在常规溶解分析装置中来确定总汞。炭/KI收集井受一些污染物影响要比金属收集井小，且捕获能力大，可对大体积样品进行处理。此方法也适合湿气中汞的收集，且对二甲基汞效果可达100%[1]。

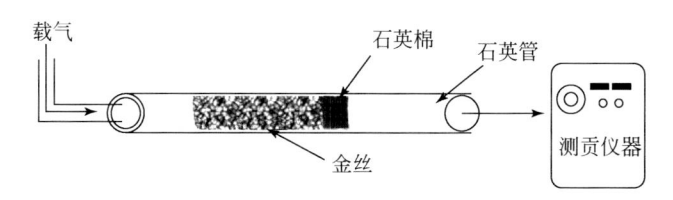

图1 金属收集器中融合汞进样示意[5]

由于测试天然气中汞含量的方式和取样途径的不同，同一样品的分析结果可能会有差异。例如，荷兰和德国两家石油公司分别测试了同一天然气管线中汞含量，但结果却完全不同。据Л. М. Зорькин等对谢别林卡气田利用不同取样方式对天然气汞含量对比研究发现，取样方式不同，同一井段天然气含汞量分析结果可相差一个数量级（表1）[3]。因此，取样方式的不同可能会歪曲天然气中汞含量。

表1 谢别林卡气田不同取样方式天然气汞含量对比[3]

井号	井深/m	层位	汞含量取样方式	
			集气器	玻璃瓶
102	1551.9~1665.6	P_1^{CM}	1300	200
356	2105~2392	C_3	1200	590
237	2092~2340	C_3	4000	190

1.2 原油与凝析气中总汞

原油与凝析气中总汞的收集方法包括燃烧、湿（干）溶解和湿抽提法。燃烧法就是通过燃烧或蒸馏技术将液态烃全部汽化，然后将蒸气中的汞类似于分析天然气中汞进行收集和分析测试[4-5]。湿溶解法就是将液态烃中所有的汞及化合物氧化为Hg^{2+}，然后分析测试；湿抽提法最适合轻烃中汞的收集。利用二氯化锡或硼氢化钠进行溶解和抽提烃类以便生成Hg^0，然后利用Ar对其进行雾喷。雾喷气体直接进入检测器进行样品分析或在收集井进行汞融合，最后汽化到惰性气体中进行样品分析。在样品的融合过程中需要富集汞和消除烃类的干扰。

2 汞及其化合物的分析测试技术

最常见的分析测试方法有原子吸附光谱法[6]、原子荧光光谱法[4,7]、原子发射光谱仪法[8]和电感耦合等离子体质谱仪法等[9-12]。其他分析方法有微波诱导等离子体质谱仪法[13]和中子活化分析法[14]等。电感耦合等离子体质谱仪法和微波诱导等离子体质谱仪法回避了样品的溶解，减小了因样品的多次处理引起的一些潜在错误。中子活化分析法也不需要样品的湿处理，并且可以对原油进行分析。以上这些分析方法的检测下限都很低，一般小于0.1ng/g。

2.1 原子吸附光谱

虽然原子吸附光谱被认为是对汞及其化合物专用的色谱检测器，但分析过程中烃类和试剂衍生物的降解产物很容易干扰汞及其化合物的检测峰信号，有时被误认为是汞化合物。当利用汞敏感性很强的线测试时[15]，在原子吸附光谱中会出现许多峰，其一般可能不是汞及其化合物。因此色谱柱基底的有效校正很重要。但由于通过柱子烃类的不断变化使得其校正效果并不好。实践证明通过利用两根不同线测试峰比值可以获得较好的效果[16]。

2.2 原子荧光光谱

在原子荧光光谱烃类分析中，也容易产生一些干扰信号，特别在那些烃类裂解不充分的测试中。在过去一般利用原子荧光光谱对凝析气中总汞进行分析。400℃时对样品进行直接汽化，然后在200℃下利用金收集井对汞及其化合物进行吸附，最后对收集井加热到

900℃把汞热释放[4]。在对原子荧光光谱的改进中不断获得关于汞化合物种类的信息，即通过裂解单元将色谱仪连接在原子荧光光谱上[4,16]。改进后，可以对 1μL 的进样量进行分析，其绝对下限为 2.5～7pg，并识辨了几种二甲基类化合物。但是，在检测限范围内发现异常高的烷基类化合物，有时能达到总汞的 100%。事实上，利用等离子诱导质谱并没有检测到烷基类化合物[16]，这样就值得怀疑把色谱连接到原子荧光光谱上是否有效。

2.3 原子发射光谱仪

目前微波诱导等离子体已被广泛应用于色谱流激发源[17]。微波诱导等离子体原子发散质谱仪可以检测到次 pg 级量的汞，并且很容易与毛细管色谱连接起来。在对凝析气分析测试过程中，由于大量碳化合物进入等离子体，大大抬高了汞化合物检测下限的直接测试柱流量。这样碳化合物不仅干扰了汞的检测信号，而且也降低了微波诱导等离子体的激发能力，因为微波诱导等离子体的能力是一定的。由于烃类具有很宽的发散波长，并且往往在汞发散线（253.652nm）范围内，从而导致基底不稳定，需要对其进行校正。基底校正一般是通过从汞发散线中减去碳发散信号比例。为了准确测试汞含量，需要完成下列两项分析：①碳发散线（247.857nm）与汞发散线必须同时测试；②在缺失汞的情况下，通过色谱两个发散信号必须成比例。由于进入等离子体碳的量是恒定变化的，这样就可以得到不对称信号响应。此外，由于大量碳化物进入等离子体将消耗许多激发能，有时会引起等离子体熄灭。虽然等离子体在增加微波能量的情况下能够承受更多的碳化物，但检测器信噪比会降低，应尽量避免碳化物与汞及其化合物同时进入。一般通过喷射进样或将凝析气稀释后进样，但可能会降低检测下限。通过除去等离子体中的轻烃组分能解决问题，但有时会损失 Hg^0 和甲基汞[16,18]。Snell 等（1996 年）通过金属融合井将汞化合物在柱后进行收集以便能够中心切割汞峰，然后将特定时间在线收集的汞化合物还原为 Hg^0 并用金属收集井融合，再通过加热收集井和氦气流带入等离子体。

2.4 电感耦合等离子体质谱仪

电感耦合等离子体是一种广泛应用的等离子体原子化器，具有温度高、原子化效率高、受化学干扰小等特点。电感耦合等离子体质谱仪是目前测试汞最敏感的质谱仪。绝对检测下限为 fg 数量级[16,19]。电感耦合等离子体质谱仪要比微波诱导等离子体质谱仪更耐用，而且可容许进载更多的碳化物。在石油检测中，电感耦合等离子体质谱仪成功地分析了有机铅、金属卟啉和有机汞[9,16,19]。但电感耦合等离子体质谱仪在检测油气中的汞及其化合物时，要注意碳化物与汞及其化合物同时进入等离子体。由于等离子体的耐用性和不同于原子发射光谱仪的分析原理，比原子发射光谱仪受到的干扰要小一些。在载气中加入氙可以优化不同汞化合物的电感耦合等离子体质谱参数，从而避免与主要的烃类物质同时溢出[19]。氙信号也是检测等离子体稳定性的有用参数。等离子体能量的衰减可以通过氙信号强度来识别[16]。电感耦合等离子体质谱仪是唯一可能在μg/L 和次μg/L 量级获得凝析气中二烷基类物种信息的仪器[19]。同时，电感耦合等离子体质谱仪还可以分析测试汞同位素[5,10-12]，且同时对汞同位素进行内、外精度比值的测试[5,12]。同位素内精度是指在一次进样的峰溢出过程中每个点的同位素比值的重复性，而同位素外精度为同一样品多次测试的同位素比值重复性。很明显，单个瞬间信号的内精度要比连续信号的内精度更难确定，因为在峰溢出过程中，信号强度是不断变化的，也意味着在整个峰溢出过程中瞬间信号的内精度是不断变化的。根据统计，峰前与峰后获得的同位素值要比峰中间得到的同位素值精度差。获取瞬间信号同位素值最经典的方法是用整个峰积分除以单个同位素积分峰面积。数据精度可以通过同一样品多次测试的标准偏差来计算[12]。但是，在利用电感耦合等离子体质谱仪测试金收集井中汞同位素时，发现较重的汞同位素先从色谱柱溢出[5,12]。Krupp和Donard[12]认识到这是由于汞同位素的吸附能力不同造成的，因为重同位素先挥发，而轻同位素与金具有更强的融合性。然而，这种解释与反应动力学的轻同位素比重同位素具有较小的键能相矛盾。另外，电感耦合等离子体质谱仪可以对多种元素进行分析（如Hg、As、Fe、Se等），对于质量数大于100的元素，电感耦合等离子体质谱仪分析灵敏度尤其高，而对于质量数小于80的元素则易受背景值干扰。电感耦合等离子体质谱仪具有多样品分析、测试时间短和提供更多信息等特点[5]。虽然电感耦合等离子体质谱仪与其他分析仪相比，在样品分析前处理和样品制备方面要求低，且谱线比较简单，它可以直接接收汞及其化合物进入。但由于基底干扰问题，必须对不同样品采取不同的处理措施和不同的检测、数据处理方法，因此，要求实验分析人员具有丰富经验和技巧[20]。

3 汞化合物物种类型的确定

液态烃中含汞化合物物种识别包括对不同形式汞分多步骤和连续分析以及质量平衡。总汞包括游离汞、有机汞、无机汞及悬浮汞：

$$总汞 = Hg^0 + (RHgR + HgK)(HgCl_2 + RHgCl) + 悬浮汞$$

总汞含量一般利用氧化抽提来确定，而悬浮汞通过测定原样品中总汞和过滤后样品总汞之间的差值定量地计算。离子和一甲基化含汞化合物（$HgCl_2 + RHgCl$）通过对过滤后的样品进行稀释酸处理，然后用非氧化性抽提确定。Hg^0 通过在收集井中对蒸气汞进行喷射收集来测定。二烷基汞和复杂汞化合物一般利用质量平衡来估算。随着色谱技术的发展，气相色谱和高效液相色谱成功地应用到油气的分析测试中，而且对不同类型的汞化合物也能进行有效的分离。利用高效液相色谱、重铬酸盐破坏、硼氢化物还原和冷原子吸附对凝析气中汞及化合物进行检测[21]，成功地获得了RHgR（R为苯基）、$HgCl_2$ 和 $RHgCl$，检测下限为10ng，偏差为3σ，并且确定了离子汞与有机汞能发生反应。因为在标准的二氯化汞和二苯化汞的混合溶液中，色谱仅检测到一个峰并确定为RHgCl（R为苯基）的含汞化合物：

$$RHgR + HgCl_2 \longrightarrow 2RHgCl$$

气相色谱、柱后燃烧、金属融合（Pt/Au）和微波诱导等离子原子发射光谱仪已成功地检测到 0.25～0.5ng/mL 不同类型含汞物种，偏差为 3σ[18]。利用气相色谱和格氏试剂按照下列顺序可将有机汞、无机汞和一甲基汞分析鉴别出来：

$$CH_3HgCl + C_4H_9MgCl \longrightarrow CH_3HgC_4H_9 + MgCl_2$$

$$HgCl_2 + 2C_4H_9MgCl \longrightarrow C_4H_9HgC_4H_9 + 2MgCl_2$$

Zettlitzer等（1997年）利用高效液相色谱、柱后氧化和冷原子吸收光谱和气相质谱对德国凝析油中的一烷基汞和二烷基汞进行了成功分析。在含汞物种鉴别过程中包含有对 Hg^0 和 $HgCl^2$ 的处理。气相质谱的检测下限为 1×10^{-6}，因此无法对二烷基汞进行定量分析。利用气相电感耦合等离子体质谱仪可检测到凝析油中不同的含汞物种[19]。由Tao等[19]建立的利用峰值、可复制性和空白方法已证明是可恢复的与灵敏的。Tao 等[19]优化了气相进样程序，并可将含汞物种恢复到 100%，绝对检测下限也比以前有了较大的提高（fg）。目前世界上对油气汞的研究仍集中在汞丰度与物种检测以及脱汞技术方面。国外在利用天然气中高异常汞时（如德国的戈里金什切切特气田）要进行脱汞处理。我国不同含油气盆地的情况略有不同，一般煤型气的汞含量要高于油型气[3]，故利用油型气汞含量低于 600ng/m^3、煤成气汞含量高于 700ng/m^3 作为识别天然气类型的一个辅助指标。但对于深部构造控制的油气藏，天然气中汞含量会明显增加[22]。前文已述及由于文献报道中并没有详细论述油气中汞的捕获方式，同一井段天然气中汞含量分析结果可相差一个数量级，因此取样方式不同，可能会影响油气中汞含量的测定，进而影响天然气成因类型的判识，故最好能对研究区域采用一种方法进行样品采集，并对采集过程进行详细记录，以便对分析数据进行合理分析与应用。

4 油气中汞的分布

在天然气、凝析气和原油中通常会含有汞和汞的化合物[1, 2, 7, 18-19, 22-25]。一般认为，天然气中的汞主要来源于烃源岩，在气源岩的热演化成烃过程中，汞以挥发分的形式随天然气一起聚集在天然气气藏中[22-23]。陆源有机质中相对富集汞，如煤岩和碳质泥岩，所以腐殖型有机质形成的天然气汞含量明显高于混合型—腐泥型有机质形成的天然气[3, 23, 26-27]。戴金星[3]通过统计国内外气田天然气中汞含量（表 2 和表 3），认为煤成气中汞含量明显高于油型气，主要是由于作为煤成气的生气母质煤和分散腐殖质有机物对汞有较大的吸聚能力。煤的平均含汞量不低于 1000μg/kg，是克拉克值 80μg/kg 的 12.5 倍以上，而油型气的生气母质含汞量平均为 150~400μg/kg，比煤的低很多。涂修元等[28]通过对四川盆地某井煤与泥页岩含汞量系统比较发现同一层位、深度相近的煤含汞量高于泥页岩。陈践发等[22]通过研究我国辽河坳陷天然气中汞的变化，发现油型气中的高含汞通常受盆地（地区）构造控制，因为其气源岩的汞含量相对较低，因而来自地球深部汞的贡献不易被掩盖。但 Ryzhov 等[7]通过连续观察与分析不同气井中的汞，发现天然气中汞含量具有周期性变化。作者认为造成这种周期性现象的原因可能与连续取样分析过程、外界温度和气流量大小等有关，而不是月潮周期引起的。Wilhelm[29]通过分析烃类中汞及其化合物的存在形式与丰度范围，发现汞在烃类中主要以游离形式存在，凝析气和原油含有部分无机汞（$HgCl_2$）。由于分析技术等原因，有些化合物可能并没有被检测出来。在天然气中，汞主要以游离态形式存在，而且丰度较低，一般未达到汞在天然气中最大溶解度。因此在天然气藏中汞一般并不以液态存在，仅在美国得克萨斯州的一个气田中发现汞含量达到饱和，且呈液态产出；说明气藏中汞处于气、液平衡状态[1, 29]。天然气中二甲基汞含量很小，可能不到总汞的 1%[19]。有机汞主要存在于液态烃类组分中，因此，即使二甲基汞存在也应该在凝析气或原油中。

5 油气中汞测试分析的不确定性

油气中汞及其化合物的分析测试方法分为样品采集、物种转化与分离（溶解、抽提、过滤和蒸发）以及含汞物种的检测识别。油气中总汞的测试分析已得到很好的解决，汞及其化合物物种定量分析的方法很多，但可靠性无法得到验证[1]。当烃类物质暴露在含氧环境或用不纯的化学试剂进行处理时，汞有可能会发生氧化[1]。如果这种现象存在，那么烃类样品中高丰度汞离子就主要是样品采集过程、样品存放时间和分析测试过程中方法的选择等人为因素造成的。一般在新鲜的原油和凝析气中，汞主要以 Hg^0 形式存在，而不是在地质烃类中通过还原形成的，因此，离子汞和有机汞不可能转化为 Hg^0 [1]。在油气与水分离中，多数汞离子应该存在于水溶液中，但在实际情况分离出的水中含有可溶汞丰度很低，而分离后的烃类中却含有大量汞离子化合物。在比较气、油中汞的丰度变化时，两者均以 Hg^0 为主。这样就暗示了油气藏中主要以 Hg^0 形式存在，而离子汞是由 Hg^0 衍变来的。但是具体形成机理有待进一步研究。如果烃类样品中的汞离子是人为因素造成的，那么以前关于汞化合物的研究就值得商榷。而原油和凝析气中的高丰度二烷基汞也值得怀疑。在石油中并不含有一烷基汞，如果二烷基汞丰度很高，那么一烷基汞也应具有类似的特征。如果一烷基汞丰度在油气中很低，那么将污水排放到海洋中就不可能引起沉积物和鱼类动物体中一烷基汞的富集。

参 考 文 献

[1] Wilhelm S M, Bloom N. Mercury in petroleum. Fuel Processing Technology, 2000, 63: 1-27.

[2] Frech W, Baxter D C, Dyvik G, et al. On the determination of total mercury in natural gases using the amalgamation technique and cold vapor atomic absorption spectrometry. Journal of Analytical Atomic Spectrometry, 1995, 10: 769-775.

[3] 戴金星，戚厚发，王少昌，等. 我国煤系的气油地球化学特征、煤成气藏形成条件及资源评价. 北京: 石油工业出版社, 2001.

[4] Shafawi A, Ebdon L, Oulkes M, et al. Determination of total mercury in hydrocarbons and natural gas condensate by atomic fluorescence spectrometry. Analyst, 1999, 124: 185-189.

[5] Evans R D, Hint Elmann H, Dillon P J. Measurement of high precision isotope ratios for mercury from coals using transient signals. Journal of Analytical Atomic Spectrometry, 2001, 16: 1064-1069.

[6] Magalhães C E C, Krug F J, Fost ier A H, et al. Direct determination of mercury in sediments by atomicabsorption spectrometry. Journal of Analytical Atomic Spectrometry, 1997, 12: 1231-1234.

[7] Ryzhov V V, Mashyanov N R, Ozerova N A. et al. Regular variations of the mercury concentration in natural gas. The Science of the Total Environment, 2003, 304: 145-152.

[8] Frech W, Snell J, Sturgeon R. Performance comparison between furnace atomization plasma emission spectrometry and microwave induced plasma-atomic emission spectrometry for the detection of mercury species in as chromatography effluents. Journal of Analytical Atomic Spectrometry, 1998, 13: 1347.

[9] Bouyssiere B, Baco F, Savary L, et al. Speciation analysis of mercury in gas condensates by capillary gas chromatography with inductively coupled plasma mass spectrometric detection. Journal of Chromatography A, 2002, 976: 431-439.

[10] Hint Elmann H, Lu S. High precision isotope ratio measurements of mercury isotopes in cinnabar ores usingmulti-collector inductively coupled plasma mass spectrometry. Analyst, 2003, 128: 635-639.

[11] Xie Q, Lu S, Evans D, et al. High precision Hg isotope analysis of environmental samples using gold trap-MC-ICPMS. Journal of Analytical Atomic Spectrometry, 2005, 20: 515-522.

[12] Krupp E M, Donard O F X. Isotope ratios on transient signals with GC-MC-ICP-MS. International Journal of Mass Spectrometry, 2005, 242: 233-242.

[13] Diet Z C, Madrid Y, Cam ara C. M ercury speciation using the capillary cold trap coupled with microwave-induced plasma atomic emission spectroscopy. Journal of Analytical Atomic Spectrometry, 2001, 16: 1397-1402.

[14] Musa M, Markus W, Elghondi A, et al. Neutron activation analysis of major and trace elements in crude petroleum. Journal Radioanalytical and Nuclear Chemistry, 1995, 198: 17.

[15] Emteborg H, Snell J, Qian J, et al. Source of systematic errors in mercury speciation using Grignard Reagents and capillary gas chromatography coupled to atomic spectrometry. Chemosphere, 1999, 39: 1137-1152.

[16] Bouyssiere B, Baco F, Savary L, et al. Analytical methods for speciation of mercury in gas condensates: critical assessment and recommendations. Oil & Gas Science and Technology-Rev IFP, 2000, 55: 639-648.

[17] Lobinaki R, Adam S F C. Speciation analysis by gas chromatography with plasma source spectrometry detection. Spectrochimica Acta, Part B, 1997, 52(B): 1865-1903.

[18] Snell J P, Frech W, Thom assen Y. Performance improvements in the determination of mercury species in natural gas condensate using an on-line amalgamation trap or solid-phase micro-extraction with capillary gas chromatography Microwave-induced plasma atomic emission spectrometry. Analyst, 1996, 121: 1055-1060.

[19] Tao H, Murakam I T, Tominaga M, et al. Mercury speciation in natural gas condensate by gas chromatographyinductively coupled plasma mass spectrometry. Journal of Analytical Atomic Spectrometry, 1998, 13: 1085-1093.

[20] 张鸿, 孙慧斌, 柴之芳. AAS, ICP-MS 与 NAA 的特点及其应用比较. 现代科学仪器, 2003, 4: 34-38.

[21] Schickling C, Broekaert J. Determination of mercury species in gas condensates by online coupled high: performance liquid chromatography and cold vapor atomic. absorption spectrometry. Appl Organomet Chem, 1995, 9: 29-36.

[22] 陈践发, 妥进才, 李春园, 等. 辽河坳陷天然气中汞的成因及地球化学意义. 石油探勘与开发, 2000, 27: 23-24.

[23] 涂修元. 河南泌阳坳陷天然气中汞的分布. 石油与天然气地质, 1980, 1: 241-247.

[24] 陈践发, 王万春, 朱岳年. 含油气盆地中天然气汞含量的主要影响因素. 石油与天然气地质, 2001, 22: 352-354.

[25] 侯路, 戴金星, 胡军, 等. 天然气中汞含量的变化规律及应用——兼述岩石和土壤中汞的含量. 天然气地球科学, 2005, 16(4): 514-521.

[26] 徐永昌. 天然气成因理论及应用. 北京: 科学出版社, 1994.

[27] 戴金星, 戚厚发, 宋岩. 鉴别煤成气和油型气若干指标的初步探讨. 石油学报, 1985, (6): 31-38.

[28] 涂修元, 吴学明, 陶庆才. 论我国天然气中汞分布的几个特征. 见: 中国石油学会石油地质委员会. 有机地化和陆相生油. 北京: 石油工业出版社, 1986: 305-314.

[29] Wilhelm S M. Estimate of mercury emissions to the atmosphere from petroleum. Environmental Science & Technology, 2001, 35: 4704-4710.

天然气凝析油中汞的化学形态分析技术研究进展[*]

李 剑，韩中喜，严启团，葛守国，杨 圩，车 磊，吴圣姬

0 引言

天然气作为中国经济社会发展亟须的战略性化石能源，在缓解温室效应及推进可再生能源整合等方面发挥着重要作用[1]。据报道，2018 年天然气在全球燃料消费中占 25%。随着开采技术的进步和浅层油气田的消耗殆尽，更深储层和高温储层的油气开采将是石油行业的必经之路[2]，这很大程度上增加了油气中汞等杂质的含量[3]。

在天然气开采过程中，当温度和压力变到烃露点时，天然气中的长链烃类会以凝析油的形式析出。凝析油作为天然气的伴生品，除含有 CO_2、H_2S 等酸性气体和水分之外还有汞等微量重金属。汞及其化合物不仅严重损害人的神经系统，还会造成催化剂中毒、热交换器腐蚀，导致安全生产事故。因此，在使用前凝析油必须脱除其中的汞。石油和凝析油等液态碳氢化合物的脱汞技术的关键点在于明确液烃的总汞量及其化学形态，因为汞形态及其含量将直接影响脱汞工艺的选择及效果。尤其对于海洋油田和气田开发，海上生产、运输及脱汞工艺等装备在运行过程中维修困难，因此，对装置的适应性及规格的精确度要求比陆上油田高。由此可见，凝析油等液烃中汞的总量及化学形态的研究具有重要的实际意义。本文将结合各国相关文献资料，系统综述天然气凝析油中汞的来源、危害及脱除工艺现状，综合评述凝析油中汞形态以及现有的检测技术。

1 天然气凝析油中汞的存在形式

1.1 天然气凝析油中汞的来源及危害

天然气中的汞大部分来自于烃源岩的热演化成烃过程，汞以挥发分的形式与天然气共同存在于天然气气藏中[4]。通过世界各国气田汞含量的统计数据发现，煤成气生气母质煤和分散腐殖质有机物对汞具有较大的吸附能力，因此，煤成气中汞含量高于油型气[5]。天然气中的汞通常受地质构造控制，加上外界温度和气流量的影响，因而其汞含量呈周期性变化。

虽然原油、天然气和汽油燃烧所排放的汞在人为排放总汞量中占比很小（<1.5%）[6]，但是它对工业设备的危害却非常严重[7]。汞容易与金、银、铜、锌和铝等金属形成金属融

---

[*] 原载于《燃料化学学报》，2020 年，第 48 卷，第 12 期，1421～1432。

合物（汞齐）。在液化天然气制备过程中，汞与低温热交换器中的铝形成汞齐，造成腐蚀，存在潜在危害[8]。例如，1973 年的阿尔及利亚国家石油公司，由于 LNG（Liquefied Natural Gas）制造用热交换器被汞腐蚀，导致整个 LNG 设备受到了毁灭性的破坏。随后 1976 年的荷兰、1981 年的印度尼西亚以及 2004 年的 Moomba 天然气公司的事故，都是由热交换器的汞腐蚀引起的爆炸[9]。此外，汞会使石油化工用贵金属催化剂中毒，从而导致催化剂失活[10]。为此，许多经营者纷纷对裂解用液烃中的汞含量制定了严格的标准（<5μg/L）[11]，以避免其对设备和催化剂造成影响。从 Salva 和 Gallup 的报告中可以看出，含高浓度汞的原油的折扣金额高于低浓度汞的原油（图1）[9, 12]。由此可见，无论从技术还是商业角度考虑，都必须脱除天然气凝析油中汞及其化合物。

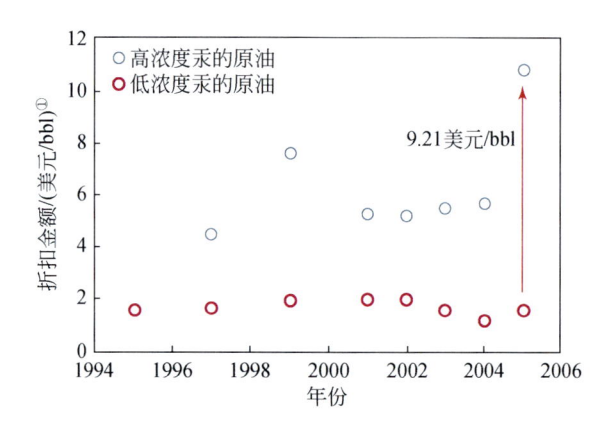

图 1　不同含汞量原油在销售时的折扣金额（基于原油价格）[9, 12]

1.2　凝析油中汞的分布、存在形式及其含量

世界各国绝大多数石油和天然气中都含有汞，其汞含量分别为 0.1～20000ng/g 和 10～4400μg/m³ [13-14]。国际石油行业环境保护协会（IPIECA）对全球 63 个国家不同产地的 446 种原油和凝析油中的汞含量进行了测定，发现汞含量为 0.1～1000ng/g，其中值为 1.3ng/g [15]。在所测原油和凝析油样品中，含汞较高的样品主要来自于亚洲、南美、太平洋和印度洋[15-16]。研究表明，大多地区的天然气气田中凝析油的汞含量一般为 10～3000ng/g [14]，其中，汞含量较高的地区有非洲和泰国湾，部分国家和地区天然气和凝析油中汞的含量见表 1 [9]。由表 1 可知，天然气及其凝析油中的汞含量在很大程度上受到产地的影响[17]。

表 1　部分地区天然气和凝析油中汞含量表[9]

地区	天然气中汞含量/(μg/m³)	凝析油中汞含量/(μg/kg)
欧洲	100～150	ND
南美洲	50～120	50～100
泰国湾	100～400	400～1200
非洲	80～100	500～1000

① 1bbl=42gal=1.58987×10²dm³。

续表

地区	天然气中汞含量/(μg/m³)	凝析油中汞含量/(μg/kg)
北美洲	50～80	20～50
马来西亚	1～200	10～100
印度尼西亚	200～300	10～500

注：ND. 未检测到。

美国环境保护署（Environmental Protection Agency，EPA）对煤、石油和天然气等化石燃料中汞化合物的自然丰度进行了研究。由表2的数据可见，单质汞是石油、天然气以及凝析油中的主要形式。凝析油的成分与原油有所不同，其主要成分为C_5—C_8的烃类。凝析油是石脑油的优质原料，具有较高的经济价值，但是与轻质组分关联度较高的硫醇、汞等污染物含量非常高。凝析油中除了游离态的Hg^0之外，含有离子汞和有机汞等。离子汞主要包括氧化汞、氯化汞、硫化汞和氢氧化汞等，有机汞则包括R—Hg—X和R—Hg—R两种形式（R为有机物质，如—CH₃—；X为无机离子，如Cl—、NH₃—、OH—、R—Hg—X多为一个甲基的化合物，而R—Hg—R主要为二甲基汞化合物）。有机汞在凝析油中具有很高的溶解性。在自然界中，通常含有Hg—Hg键结合的汞化合物很不稳定，且稀少[18]。

表2 煤、石油、天然气和凝析油中汞化合物的自然丰度表

汞的形态	煤	石油	天然气	凝析油
Hg^0	≤1%	主要	主要	主要
$(CH_3)_2Hg$	NS	≤1%	≤1%	≤1%
$HgCl_2$	10%～50%	10%～50%	ND	10%～50%
HgS	NS	固体颗粒	ND	固体颗粒
HgO	≤1%	ND	ND	ND
CH_3HgCl	NS	≤1%	ND	≤1%

注：NS. 未确定；ND. 未检测到。

凝析油组分非常复杂、所含汞化合物的稳定性差，因而在分析过程中汞形态可能会发生变化。例如，在有机相中二价汞或单质汞可能转化成有机汞。因而，对凝析油中汞的形态至今未有统一的定论。目前大多数研究者认为单质汞和二价汞是汞在大多数液烃中的主要形态。Bloom等[19]对不同产地的两种凝析油和7种原油中的汞形态进行了测定（表3），发现凝析油和原油中总汞的含量受到产地的影响，凝析油中总汞的含量远大于原油中总汞的含量。凝析油和原油中汞的形态主要以单质汞和二价汞的形式存在，而有机态的甲基汞含量很低。随着检测技术的发展，Tao等[20]利用气相色谱-电感耦合等离子体质谱（GC-ICP-MS）联用技术对凝析油、石脑油及原油中的汞化合物进行了检测（表4），同样发现单质汞和二价汞是凝析油中的主要存在形式，有机汞的形态以及含量受到油气田产地的影响。凝析油样品1中未检测到有机汞，而样品2、3和4中的有机汞量占总汞量的16%～40%，凝析石脑油中有机汞的含量为95%以上。由此可见，大部分凝析油中汞的形态为单质汞和二价汞，而少数凝析油和石脑油中有机汞的含量高达 40%以上。凝析油中有机汞的含量明显高于原油中的含量，并在大量凝析油和原油样品中均发现了甲基汞。

表 3　Bloom 等对凝析油和原油中的汞形态测定结果表[19]　　　　（单位：ng/g）

样品		未经过滤的汞		0.8μm 硝酸纤维素滤膜过滤汞		
		总计	Hg^0	溶解的	Hg^{2+}	CH_3Hg
天然气凝析油	#1	20700	3060	5210	2150	3.74
	#2	49400	34500*	36800	237	6.24
原油	#1	1990	408	821	291	0.25
	#2	4750	1120	1470	433	0.26
	#3	4610	536	1680	377	0.27
	#4	4100	1250	1770	506	0.62
	#5	15200	2930	3110	489	0.45
	#6	1.51	0.09	1.01	0.39	0.15
	#7	0.42	0.17	0.41	0.02	0.11

*该样品中含重新溶解在已烷中的颗粒 Hg^0。

表 4　不同凝析样品油中汞化合物含量表[20]　　　　（单位：μg/L）

样品		注入模型	Hg^0	$HgCl_2$	DMeHg	MeEtHg	DEtHg	MeHgCl	EtHgCl	总计	有机汞比率
凝析油	#1	脉冲不分流	ND	30.9	<	<	<	<	<	32.4	—
		柱头	1.53	ND	<	<	<	<	<		
	#2	脉冲不分流	ND	8.13	2.06	3.2	0.86	0.21	0.05	15.1	42%
		柱头	0.52	ND	1.99	3.2	1.01	<	<		
	#3	脉冲不分流	ND	116	9.23	13.1	5.07	0.32	<	173	16%
		柱头	28.8	ND	9.31	14.9	5.18	<	<		
	#4	脉冲不分流	ND	7.44	0.78	0.97	0.11	0.09	<	12.2	16%
		柱头	2.66	ND	1.1	1.03	0.1	<	<		
	#5	脉冲不分流	ND	26.8	<	<	<	<	<	27.7	—
		柱头	0.86	ND	<	<	<	<	<		
	#6*	脉冲不分流	ND	48.4	<	<	<	<	<	48.4	—
		柱头	<	ND	<	<	<	<	<		
	#7*	脉冲不分流	ND	0.68	23.4	29.1	5.81	0.51	<	59.5	99%
		柱头	<	ND	21.4	28.6	6.28	<	<		
	#8*	脉冲不分流	ND	0.14	3.98	3.19	0.14	0.13	0.07	7.68	98%
		柱头	0.03	ND	3.91	2.98	0.21	<	<		
原油	#9	脉冲不分流	ND	0.60	<	<	<	<	<	0.63	
		柱头	0.03	ND	<	<	<	<	<		

*. 凝结核；—. 未计算；ND. 未检测到；<. 低于检测限。DMeHg、MeEtHg 和 DEtHg 采用两种注入模型的平均值。

2 天然气凝析油中汞形态的测定技术

2.1 凝析油中总汞的测定方法

总汞是天然气和液态烃类中所有汞形态的总称。总汞包括游离态汞（Hg^0）、离子汞（$HgCl^2$）、有机汞（RHgR 和 RHgCl）及悬浮汞（HgS）四大类。测定原油中总汞含量的化学方法包括：燃烧法、湿溶解法及湿抽提法等[18]。其原理如下：燃烧法是先将原油通过燃烧或者蒸馏的方式气化，随后在金、银或金/铂（负载于石英表面）等金属表面上生成汞齐，在惰性气氛下对汞齐加热形成汞蒸气，最后进行分析测定汞含量；湿溶解法是将原油中所含的单质汞及汞化合物，通过高锰酸全部氧化为二价汞，进一步分析测定二价汞含量；湿抽提法的原理是通过二氯化锡或硼氢化钠进行溶解和抽提烃类，促进生成单质汞，之后用收集肼与汞融合，最后加热气化到惰性气体中进行分析[4]。汞含量的分析测试方法主要为冷原子吸收法及原子荧光光谱法。UOP 938-10 汞测定法[21]是一种专门用来测定液态烃类中总汞的标准方法（图2），其使用的仪器为日本 NIC 公司生产的 SP-3D 测汞仪，测定的汞质量浓度为 $0.1 \sim 10000$ ng/mL[5]。

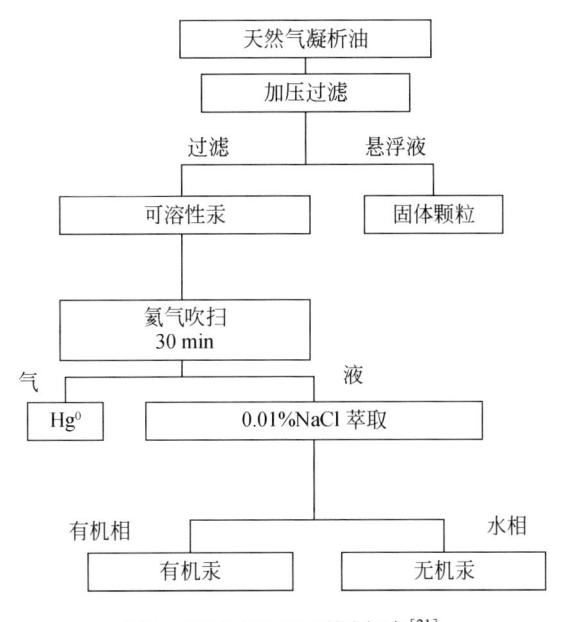

图 2 UOP 938-10 汞测定法[21]

其基本原理如下：将所测样品通入仪器中，通过加热分解形成汞蒸气随后以金汞齐的形式被汞收集器收集；进一步对金汞齐进行加热，汞在二级汞收集器进行二次汞齐化；经过两次金汞齐化后，汞在700℃左右被释放，汞蒸气由纯载气带入吸收池，最后由冷原子吸收光谱检测。与传统冷原子吸收法及冷原子荧光光谱法相比，UOP 938-10 汞测定法的优点在于：①在测定中已经将样品中的碳氢化合物完全燃烧，可以排除碳氢化合物对检测结果的影响；②在该方法中，检测后的尾气通过装有活性炭的吸附管，避免尾气中的汞对环境造成危害；③该方法不需要对样品进行化学前处理和消解，并且测定每个样品所需要的时间仅为15min。

2.2 基于汞化合物物理化学性质分离测定凝析油中不同形态的汞

凝析油中汞的形态多样,它的形态和比例主要受到天然气来源、开采技术和阶段等因素的影响。目前,凝析油中的汞主要通过以下 3 种方法测定:①根据不同形态汞化合物的物理化学性质分离提取;②气相色谱与特定检测器联用;③液相色谱与特定检测器联用。

凝析油中汞的存在形式,最早是通过多步或连续提取等可操作性形态定义法(operationally defined speciation)测定的[19, 22]。

$$总汞=Hg^0+[RHgR+HgK]+(HgCl_2+RHgCl)+颗粒态汞 \qquad (1)$$

总汞量一般通过氧化萃取法测定,而颗粒态汞是通过分析过滤前后样品中的总汞量来确定;离子态汞和单烷基汞($HgCl_2$+RHgCl)则通过稀酸非氧化萃取过滤后样品测定。此外,单质汞可以通过汞齐化捕集阱测定,而二烷基汞则通过质量守恒定理计算得到[5, 18]。例如,Furuta 等[23]最早提出了利用连续萃取法分离凝析油中的汞(图 3)。首先,利用氦气吹扫凝析油去除其中的单质汞;随后利用 NaCl 或半胱氨酸溶液萃取凝析油中的离子态汞(Hg^{2+})、氯化甲烷汞以及汞-卟啉化合物;最后用盐酸酸化 NaCl 或半胱氨酸萃取液,利用甲苯进一步萃取氯化甲基汞,而二烷基汞主要残留在凝析油中。

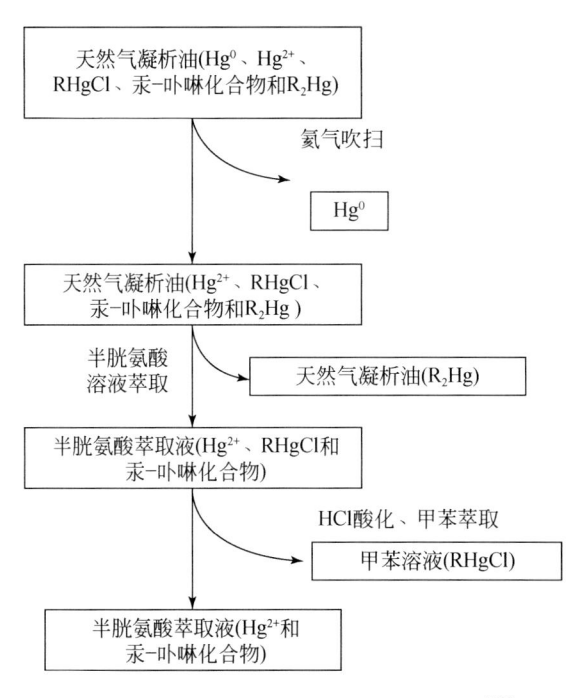

图 3 连续萃取法分离提取凝析油中的汞[23]

在此基础上,Frech 等[22]开发了一套操作性比较强的萃取工艺。凝析油中的总无机汞(Hg^0 和 Hg^{2+})通过格氏试剂直接将其转化成二丁基汞的形式分离;离子态汞(Hg^{2+})可以利用去离子水萃取凝析油将其分离;单质汞、离子态汞和单烷基汞可以利用半胱氨酸萃取凝析油获得；残留在凝析油中的主要是二烷基汞。萃取后水相部分，再一次通过中和、甲苯萃取并格式化之后进入汞检测器进行分析。然而，在之后的研究中却发现单质汞无法通过格氏试剂将其丁基化[24]。另外一种可与之媲美的凝析油中汞的萃取法由 Bloom 开发[19]。在凝析油中的汞主要通过以下方式分离提取（图 4）：第一种，总汞可先由 BrCl 消解凝析油，再用 $SnCl_2$ 还原水相中汞；第二种，可溶性汞可以用 0.8μm 硝酸纤维素滤膜真空过滤凝析油分离获得；第三种，离子态和弱化学键络合的汞化合物（Hg^{2+}）可由饱和 KCl 进一步萃取真空过滤凝析油获得；第四种，总挥发性汞可由镀金砂芯捕集阱捕获；第五种，单烷基汞可以在第三种基础上，将饱和 KCl 萃取的汞进一步乙基化获得[25]。

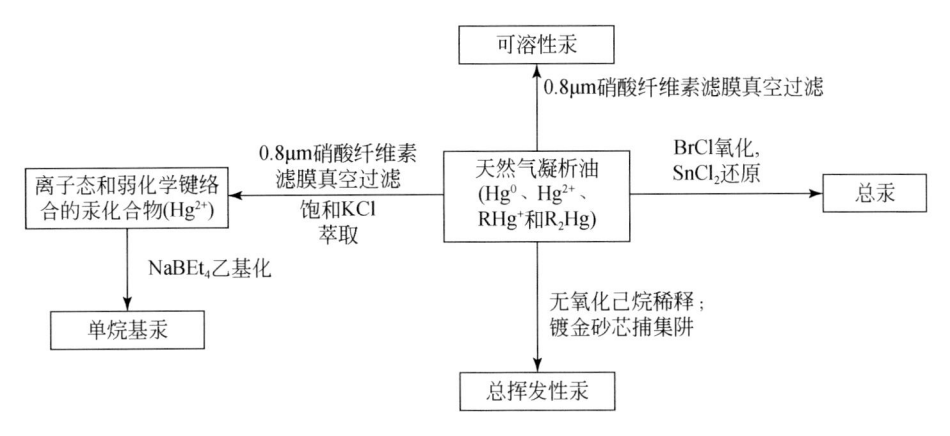

图 4　由 Bloom 等开发的凝析油总汞的萃取工艺[19]

凝析油中的汞通过以上方法分离之后，利用冷原子吸收分光光度计（CVAAS）或原子荧光光谱仪（CVAFS）进行测定。Bloom 等[19]利用所开发的方法对两种凝析油和 7 种原油中的汞化合物进行了测定（表 3）。结果发现，所测原油和凝析油中的汞主要以单质汞和二价汞的形式存在，而甲基汞的含量相对较低。但是，所测凝析油中甲基汞的含量明显高于原油中的含量。虽然利用 CVAAS 和 CVAFS 能够测定凝析油和原油中的汞及其化合物，但是由于在测定时汞化合物之间的信号存在相互干扰，尤其是单质汞含量高的凝析油，它直接导致其他汞化合物的信号偏高，从而影响测量精度。此外，还存在多种汞化合物错归为一类的可能性，从而无法明确分离出汞的具体形态。因此，必须开发有效分离凝析油中汞化合物的方法，并结合汞专用检测器准确测定凝析油中的汞形态及其含量。

2.3　气相色谱-汞检测器联用技术测定凝析油中的汞

1）GC-CVAAS 和 GC-CVAFS 技术

汞化合物的挥发性以及热稳定性的差异决定了气相色谱是分离凝析油中汞化合物的最佳设备，可通过气相色谱的毛细管柱分离凝析油中的汞及其化合物。凝析油中的离子汞（Hg^{2+}）和 $MeHg^+$ 可用极性（KBr 改性处理）和非极性毛细管柱有效分离[19, 25-27]。若要同时测定离子汞和单烷基汞，就必须对其进行衍生化处理。汞的衍生化主要由格氏化和卤化两种方式。汞的格氏化最早在 30 年前由 Frech 团队提出[28]。他们为了提高离子汞的稳定性，且利用 GC 同时测定单烷基汞和离子汞，在无水条件下用 BuMgCl 格氏化氯化烷基汞

（AlkylHgCl）和离子汞（Hg^{2+}）:

$$AlkylHgCl+BuMgCl \longrightarrow AlkylBuHg+MgCl_2 \quad (2)$$

$$Hg^{2+}+\longrightarrow Bu_2Hg+2MgCl_2 \quad (3)$$

值得注意的是，之所以选用 BuMgCl 格氏化单烷基汞和离子汞，是因为相比甲基汞、乙基汞和丙基汞，丁基汞在凝析油中含量少；同时，丁基汞的沸点相对比较低，与它一起洗脱的高分子量的碳氢化合物在凝析油中含量较低[20]。凝析油中汞的卤化主要是利用卤化物（KBr 或 KI）与烷基汞反应形成相应的卤化烷基汞[29-32]。此外，在载气中添加 KBr 还可以增加溴化烷基汞的稳定性。

对凝析油中的汞进行有效分离后，结合相应检测器测定不同汞化合物的浓度。气相色谱-冷原子吸收分光光度计（GC-CVAAS）和气相色谱-原子荧光光谱仪（GC-CVAFS）联用技术成本相对较低，是一种常用的汞检测技术。由于 GC-CVAAS 和 GCCVAFS 只能测定单质汞，因此，在测试之前，必须利用强氧化剂（BrCl 或 $K_2Cr_2O_7$）或热解等手段将气相色谱分离后的汞化合物转化成单质汞[14, 19]。然而，由于凝析油中的碳氢化合物以及氧化或热解过程中释放的衍生化试剂和分解产物会在 CVAAS 或 CVAFS 中产生相应的信号，从而影响检测的准确性。例如，在利用 GC-CVAAS 测定凝析油中汞时，就会出现大量的干扰峰，而当热解不完全时，凝析油中的碳氢化合物也在 CVAFS 中产生信号[14]。此外，GC-CVAAS 和 GC-CVAFS 无法准确测定凝析油中的烷基汞。以上缺点限制了该技术在凝析油中汞化合物的分析应用。

2) GC-MIP-AES 技术

相比 CVAAS 和 CVAFS，微波诱导等离子体原子发射光谱仪（MIP-AES）可以有效地激发气相色谱尾气，且测试时不需要将汞化合物转变成单质汞，因而受到广泛的关注[33]。它直接与 GC 联用，能测定皮克量级的汞[34-35]。然而，凝析油中含有大量的碳氢化合物，与汞一起进入等离子发射器后，不仅影响凝析油中汞的信号强度，还会减弱微波诱导等离子体发生器的激发能力。由于碳氢化合物的激发波长范围很广，导致 AES 的背景信号很不稳定。因此，在持续监测碳氢化合物信号强度的同时，还需要把碳氢化合物信号与背景信号比例控制在一定范围内。由于进入 AES 的碳氢化合物类型不稳定，因而很难获得理想的比例。此外，由于大量碳氢化合物进入到等离子体发生器中，容易导致等离子体发生器过载。虽然等离子体发生器的负载率可以通过提高微波功率得到提升，但是信噪比会随着微波功率提升而降低，进而影响汞的检测精度。这两个问题制约了 GC-MIP-AES 技术在凝析油中汞的检测。

为了解决以上问题，Snell 等[27]改良了 GC-MIP-AES 检测法。他们在 GC 与 MIP-AES 之间安装 Pt/Au 汞齐化捕集阱，将凝析油中的汞转化成汞齐，通过加热将捕集阱中的汞齐以单质汞形式进入 MIP-AES 检测器中进行检测。该法可用于测量模拟凝析油中的离子汞和甲基汞。消除了碳氢化合物对 AES 背景信号的影响，因此可以直接测试凝析油样品中的汞化合物，且二甲基汞以及丁基化汞的检测限分别达到了 0.24μg/L 和 0.56μg/L（表 5）。利用以上方法，对两种实际的凝析油中的汞化合物进行了检测，发现凝析油中的汞主要以单质汞和离子态形式存在，而二烷基汞和单烷基汞分别只占到 10% 和 1%。

表5 凝析油中汞化合物的不同检测方法的检测限

汞形态	检测限/(μg/L)										文献
	Hg^0	Hg^{2+}	MeEtHg	$MeHg^+$（MeHg）	$EtHg^+$（EtHg）	Me_2Hg	MePrHg	Et_2Hg	MeBuHg	Pr_2Hg	Bu_2Hg	
GC-MIP-AES	ND	0.56	ND	0.56	ND	0.24	ND	ND	ND	ND	ND	[27]
	0.98	ND	ND	ND	ND	1.32	0.16	0.08	0.14	0.20	0.11	[26]
GC-ICP-MS	0.15	0.34	0.019	0.074	0.05	0.2	ND	0.035	ND	ND	0.05	[20]
	ND	0.03	ND	0.09	ND	ND	ND	ND	ND	ND	ND	[36]
HPLC-CVAFS	ND	ND	ND	0.05	0.07	ND	ND	ND	ND	ND	ND	[39]

注：ND. 未检测到。

3）GC-ICP-MS 技术

为了进一步克服微波诱导等离子体发生器的负荷问题，Tao 等[20]和 Bouyssiere 等[26]用电感耦合等离子体质谱仪（ICP-MS）取代 MIP-AES，利用 GCICP-MS 联用技术测定凝析油中的汞及其化合物。Bouyssiere 等[26]采用 GC-ICP-MS 联用技术，分别利用甲苯稀释和丁基格式化的方式处理凝析油样品，通过二次进样，有效测定了凝析油中的单质汞、二烷基汞、离子态汞及单烷基汞，并将检测限降到 0.08pg。

Tao 等[20]将氙气引入到载气（氩气）中，以氙气信号作为指标来优化等离子输出功率、混合器流速以及取样深度等 GC-ICP-MS 参数。此方法的特点在于无需对凝析油样品进行格式化处理，只采用脉冲不分流进样和柱头进样两种方式快速检测实际凝析油、凝析石脑油和原油中的汞化合物。检测结果发现，这两种进样方式能有效地检测样品中的有机汞，且彼此之间的差别较小，但对 Hg^0 和 $HgCl_2$ 的检测能力较差，两种方法的检测结果差别很大。通过以上优化，不仅实现了接近 100%的汞回收率，还明显降低了凝析油中汞化合物的检测限[20]。

自此，GC-ICP-MS 联用技术被广泛用于测定凝析油、原油以及石脑油中的汞化合物的测定[34,44]。Pontes 等[36]通过 $BuMgCl$ 格式化原油中汞，结合 GC-ICP-MS 联用技术准确测定了原油中的离子态汞和甲基汞，且其精度控制在 12%以内。

2.4 高速液相色谱-汞检测器联用技术测定凝析油中的汞

虽然液相色谱的分离效果不如气相色谱，与原子分光光度仪没有良好的衔接兼容性，但是由于液相色谱在凝析油中汞的检测过程中，无需对汞进行衍生化处理，因而受到了研究者关注。Schickling 等[37]利用高速液相色谱与冷原子吸收分光光度计（HPLC-CVAAS）联用技术测定了 $HgCl_2$、MeHgCl、Ph_2HgAc 和 Ph_2Hg。他们用含 KBr 的乙腈作为流动相，首先利用 $K_2Cr_2O_7$ 破坏汞与有机物之间的配位键，之后用 $NaBH_4$ 将被氧化的汞还原成单质汞，最后进入 CVAAS 检测。该方法有效地解决了大分子有机化合物对 CVAAS 信号的影响，且对汞的检测限在 8~14μg/L。但在实际凝析油样品的测试中，HPLC 的压力非常不稳定。Zettlitzer 等[38]利用柱后紫外氧化法结合 HPLC-CVAAS 联用技术，成功测定了德国凝析油中的单烷基汞。Yun 等[39]利用 HPLC-CVAFS 联用技术，研究了不同萃取方法对汽油中甲基汞和乙基汞萃取率的影响。结果发现，四甲基氢氧化铵在微波协同下可以有效地萃取汽油中的甲基汞和乙基汞，甲基汞检测限达到 0.515ng/g。

表 5 为不同检测方法的检测限，可见 GC-ICP-MS 的检测限低于其他两种方法，并能够检测多种汞化物。表 6 为利用不同检测方法测定凝析油或原油中形态汞的汞回收率以及相对标准偏差。由表 6 可知，GC-ICP-MS 法可以检测凝析油中二甲基汞、二乙基汞、氯化甲基汞、氯化乙基汞、二价汞以及单质汞，并对二乙基汞、氯化甲基汞、氯化乙基汞以及二价汞表现出较高的汞加标回收率。其他检测方法，如 CAVFS、GC-MIP-AES 和 HPLC-CVAFS，虽然对凝析油中几种特定的汞化合物具有较高的汞加标回收率，但是其可检测的汞种类很少。此外，利用 GC-ICP-MS 方法在模拟凝析油和实际凝析油或原油中汞的检测过程中，表现出极高的再现性。可见，利用 GC-ICP-MS 法测定凝析油等液烃中的汞将是未来的发展趋势。

表 6 不同检测方法对凝析油或原油中形态汞的汞回收率以及相对标准偏差的影响

分析方法	MeHg	EtHg	DMeHg	DEtHg	MeHgCl	EtHgCl	Hg^{2+}	Hg^0	文献
CVAFS 汞回收率/%	105.5	ND	ND	ND	ND	ND	93.1	98.7	[19]
GC-MIP-AES 汞回收率/%	ND	ND	94.7	ND	108.9	ND	99.2	ND	[27]
GC-ICP-MS^a 汞回收率/%	ND	ND	168.9	99.9	103.1	100.1	114	ND	
RSD /%	ND	ND	3.2	3.0	2.6	1.6	3.2	3.4	
GC-ICP-MS^b 汞回收率/%	ND	ND	223	90.2	94.9	92.1	ND	77.5	
RSD /%	ND	ND	1.6（5.1^c）	2.5（4.4^c）	2.7	2.6	ND	2.2（3.9^c）	[20]
HPLC-CVAFS 汞回收率/%	86.7	70.6	ND	ND	ND	ND	ND	ND	[39]
RSD（%）	1.8	2.1	ND	ND	ND	ND	ND	ND	

注：ND. 未检测到；RSD. 相对标准偏差（relative standard deviation）。a. 脉冲不分流注样；b. 柱头注样；c. 原油或凝析气。

3 凝析油中汞的脱除技术现状及主要关注点

3.1 脱汞工艺

凝析油中汞的成分复杂，既含有单质汞，又含有离子汞和有机汞，明显增加了凝析油中汞的脱除难度。目前，凝析油的脱汞工艺主要有化学吸附、气提、化学沉淀和膜处理等。其中，较成熟的凝析油脱汞工艺有化学吸附和气提-吸附。化学吸附流程简单，工业应用最多；气提-吸附克服了液烃类脱汞的缺陷，更具应用前景。化学沉淀工艺流程复杂，需要大量的硫，一般用于原油中汞的脱除。膜分离等脱汞新技术还处于实验室研究阶段，工艺不成熟，处理规模有限[40-42]。

化学吸附的核心技术是高效脱汞剂的研发。凝析油中不同汞化合物的化学特性差异明显，因此，针对不同类型的汞化合物所需吸附剂也不同。固体吸附剂的活性物质通过与凝析油中汞反应生成稳定的 HgS、HgI$_2$ 或汞齐化合物来达到脱汞的目的。

气提-吸附工艺作为化学吸附的延伸技术，将凝析油中的汞化合物转移至气体介质中，然后利用固体吸附剂深度脱汞，此工艺避免了液体碳氢化合物的缺陷[42]。简而言之，气提-

吸附工艺就是将凝析油的液相脱汞问题转变成了惰性气氛（天然气或者氮气）中气相脱汞。

尽管化学吸附工艺路线较为成熟，也可采用已大规模工业化的 Ag 吸附剂用于气相脱汞，但是气相中有机汞难以处理的问题也限制了其应用范围。为进一步提升脱汞效率，林富荣等[43]制备了单质硫与硫化物为双中心的脱汞吸附剂，分别利用单质硫和硫化物高效捕捉单质汞和有机汞，但此类吸附剂再生比较困难。

针对凝析油中有机汞和离子汞的脱除问题，近年来工业上较热门的脱汞工艺为分解-吸附工艺和分解-汽提-吸附工艺。此工艺的特点在于脱汞装置前，把有机汞催化分解为单质汞，工业上应用较多的工艺为法国 Axens 公司开发的 IFP 工艺。该类工艺在吸附工艺之前将有机汞或离子汞转换为单质汞，最后通过固体吸附剂对气体介质中的单质汞进行高效脱除[44]。所谓"分解"，其原理是在铂钯催化剂的作用下，利用氢气将有机汞或离子汞还原为单质汞，以 Pd 催化剂为例，其反应机理如下：

$$H_2 + Pd \longrightarrow 2H \cdot + Pd \tag{4}$$

$$(CH_3)_2Hg + 2H \cdot \longrightarrow Hg + 2CH_4 \tag{5}$$

$$HgX + 2H \cdot \longrightarrow Hg + 2HX \tag{6}$$

由于氢分子在低温下的活性并不高，该反应需要铂钯等氢解催化剂提高转化效率。Pd 催化剂能够离解吸附氢分子形成氢原子，极高活性的氢原子在低温下即可将有机汞与离子汞还原为单质汞。分解之后的步骤与吸附或汽提-吸附工艺相似。由于汞化合物均转化为单质汞，其可选择的固相吸附剂范围也更广泛，提高了吸附剂再生的可能性，运行的成本更经济。正因为这种工艺路线的特点，适用于分解-汽提-吸附工艺的固相吸附剂种类较多，一些在惰性气氛以及还原性气氛下展现出优良性能的吸附剂都有可能成为分解-吸附或分解-汽提-吸附工艺的固体吸附剂。表 7 中对现有的凝析油脱汞工艺进行了综合评价。

表 7 现有的凝析油脱汞工艺综合评价[42]

过程	固体吸附	分解-吸附	分解-汽提-吸附
总汞含量	中等	较高	高
有机汞	低	较高	高
脱汞剂	载银分子筛、金属碘化物和金属硫化物吸附剂	Ag、S 或金属硫化物吸附剂	金属硫化物吸附剂
催化剂	—	Pt、Pd（160～200℃）	Pt、Pd（160～200℃）
汽提气	—	—	天然气和空气
特征	工艺简单，技术成熟	过程稍微复杂一点，成本适中	工艺复杂，成本高
气体	干气	干气	干气或湿气

3.2 脱汞吸附剂

目前，最常见的凝析油脱汞剂有载硫活性炭、载银分子筛及金属氧化物或金属硫化物吸附剂等[45-47]。商业化的载硫活性炭（ZS-08）具有丰富和发达的孔结构，相比于常规的活性炭，能展现出更好的脱汞性能，但是载硫活性炭不适用于湿气脱汞工艺[45]。分子筛具有规则的孔道结构，有一定的热稳定性，常被用作脱汞吸附剂的载体，载银分子筛是天然气脱汞剂的候选材料之一[46]。金属硫化物吸附剂与液态烃类的亲和力小，可用于干气或湿气脱汞，在天然气脱汞工艺有广泛的应用。UOP GB、AXENS AxTrap 200 Series 和 BASF Durasorb HG 3 类脱汞吸附剂商品的活性组分都是 CuS[47]。表 8 综合评价了现有凝析油脱汞剂的应用现状。

除此之外，对于难脱除的离子汞，Khairi 等[48]成功地合成了含有半胱氨酸单体的分子印迹聚合物（molecularly-imprinted polymers，MIPs）用于液相中 Hg^{2+} 离子的脱除。半胱氨酸中的—NH_2、—SH 和—COOH 官能团能够提供孤对电子，以此为活性位点与 Hg^{2+} 离子发生化学吸附。含有半胱氨酸单体的 MIPs 对 Hg^{2+} 具有很高的选择性和识别性，因此，MIPs 可作为一种有效的 Hg^{2+} 去除材料。Nasirimoghaddam 等[49]制备了壳聚糖磁性纳米颗粒，并将其作为一种高效吸附剂用于去除油样中的 Hg^{2+} 离子。这种壳聚糖磁性纳米颗粒具有比表面积大、无内扩散阻力等优点，且易于洗脱可有效实现吸附剂的再生。

表 8 现有的凝析油脱汞剂综合评价[17, 42]

脱汞剂	金属卤化物吸附剂	载银分子筛	金属硫化物吸附剂（CuS）
再生性	不可再生	可再生	不可再生
气体	干气	干气或湿气	干气或湿气
二次污染	有	没有	没有
适用性	Hg、Hg^{2+} 和有机汞	Hg^0	Hg^0 和部分有机汞
稳定性	低	高	中等
工业化	低	轻烃	高

通过以上分析可以得出，在选用脱汞工艺及其脱汞剂时要明确两个关键因素，一是油气中的总汞量；二是油气中汞的化学形态。根据这两个关键因素决定脱汞工艺的条件以及脱汞剂，尤其在海底油田和气田的开发中，海上的生产设备以及运输设施等维修和交换成本非常高，因此，对装置的规格及精度要求比陆地设施还要严格。由此可见，天然气凝析油中汞的化学形态及其总量分析研究尤其重要。

4 结论

凝析油作为天然气的伴生品，与轻质组分关联度高的硫醇、汞等污染物含量较高。凝析油中的汞主要以单质汞形式存在，部分含有有机汞和离子汞。凝析油等液烃中总汞含量的测定方法主要有燃烧法、湿溶解法及湿抽提法等，其中，美国环球石油公司开发的测定方法（UOP 938）为总汞的标准测定方法。液烃类形态汞的检测方法主要有 3 种：一是根据不同形态汞化合物的物理化学性质分离提取；二是气相色谱与特定检测器联用；三是液相色谱与特定检测器联用，其中，GC-ICP-MS 联用技术测定精度高，汞回收率接近 100%，广泛用于测定凝析油、原油以及石脑油中的汞化合物。凝析油的脱汞工艺及脱汞剂的选择，与凝析油中汞的化学形态及其含量有关；单质汞为主的凝析油可选用化学吸附或气提-吸附工艺，有机汞和离子汞含量高的凝析油则需要选用加氢分解-吸附或加氢分解-气提-吸附工艺。离子汞含量较高的原油或凝析油可利用新型的分子印迹聚合物液相脱汞剂或壳聚糖磁性纳米颗粒脱除液相中的 Hg^{2+}。

天然气凝析油是石脑油的优质原料，通过加工凝析油，不仅可缓解中国石脑油供给紧张的问题，还能获得较高的经济效益，因此，凝析油中汞的脱除研究具有长远的战略意义。开展凝析油中汞的化学形态及含量研究，在脱汞工艺的选择、装置规格的确定以及脱汞剂的选用上起着关键作用。因而，在现有形态汞的研究基础上开发高精度的快速检测方法，精准掌握形态汞在凝析油中的转换机制，有利于更好地认识凝析油的脱汞机理，该方面研究也是天然气化工领域面临的难点。

参 考 文 献

[1] Mackinnon M A, Brouwer J, Samuelsen S. The role of natural gas and its infrastructure in mitigating greenhouse gas emissions, improving regional air quality, and renewable resource integration. Progress in Energy and Combustion Science, 2018, 64: 62-92.

[2] Pang X Q, Jia C Z, Wang W Y. Petroleum geology features and research developments of hydrocarbon accumulation in deep petroliferous basins. Petroleum Science, 2015, 12: 1-53.

[3] 韩中喜, 王淑英, 严启团, 等. 松辽盆地双坨子气田天然气汞含量特征. 科技导报, 2015, 33: 40-44.

[4] 刘全有, 李剑, 侯路. 油气中汞及其化合物样品采集与实验分析方法研究进展. 天然气地球科学, 2006, 14(7): 559-565.

[5] 薛艳. 石油中汞的分析方法进展. 当代石油化学, 2008, 16(6): 33-35.

[6] Futsaeter G, Wilson. The UNEP global mercury assessment: Sources, emissions and transport. Rome: E3S Web of Conferences, 2012.

[7] Wilhelm S M. Avoiding exposure to mercury during inspection and maintenance operations in oil and gas processing. Process Safety Progress, 1999, 18: 178-188.

[8] Kehal M, Mennour A, Reinert L, et al. Heavy metals in water if the Skikda Bay Les Metaux Lourds dans les Eaux de la Baie De Skikda. Environmental Technology, 2004, 25: 1059-1065.

[9] 山田淳也, 川崎绿, 大塚町惠, 等. 原油·天然ガス生産における水銀への対応. 石油技術協会誌, 2016, 81(5): 401-407.

[10] Gaulier F, Gibert A, Walls D, et al. Mercury speciation in liquid petroleum products: comparison between on-site approach and lab measurement using size exclusion chromatography with high resolution inductively coupled plasma mass spectrometric detection (SEC-ICP-HR MS). Fuel Processing Technology, 2015, 131: 254-261.

[11] Jesus A D, Zmozinski A V, Vieira M A, et al. Determination of mercury in naphtha and petroleum condensate by photochemical vapor generation atomic absorption spectrometry. Microchemical Journal, 2013, 110: 227-232.

[12] Salva A C, Gallup D L. Mercury removal process is applied to crude oil of southern Argentina. Lima: SPE Latin American and Caribbean Petroleum Conference, 2010.

[13] Wilhelm S M, Liang L, Cussen D, et al. Mercury in crude oil processed in the United States (2004). Environmental Science & Technology, 2007, 41: 4509-4514.

[14] Bouyssiere B, Savary L, Lobinski R. Analytical methods for speciation of mercury in gas condensate. Oil & Gas Science and Technology-Revue d IFP, 2000, 55: 639-648.

[15] Finster M E, Raymond M R, Scofield M A, SMITH K. Mercury-impacted scrap metal: source and nature of the mercury. Journal of Environmental Management, 2015, 161: 303-308.

[16] Doll B, Knickerbocker B M, Nucci E. Industry response to the UN global mercury treaty negotiations focus on oil and gas. Perth: International Conference on Health, Safety and Environment in Oil and Gas Exploration and Production, 2012.

[17] 张哲, 梁金川, 黄永恒. 凝析油脱汞工艺分析. 石油化工应用, 2011, 30(12): 88-90, 104.

[18] 王卫平, 王子军. 石油和天然气中汞的赋存状态及其脱除方法. 石油化工腐蚀与防护, 2010, 27(3): 1-4.

[19] Bloom N S. Analysis and stability of mercury speciation in petroleum hydrocarbons. Fresenius Journal of Analytical Chemistry, 2000, 366: 438-443.

[20] Tao H, Murakimi T, Tominaga M, et al. Mercury speciation in natural gas condensate by gas chromatography-inductively coupled plasma mass spectrometry. Journal Analytical Atomic Spectrometry, 1998, 13: 1085-1093.

[21] Uopl L C, Des plaines I L. 2010: Total mercury and mercury species in liquid hydrocarbons. UOP Method, 938-10.

[22] Frech W, Baxter D C, Bakkle B, et al. Determination and speciation of mercury in natural gases and gas condensates. Analytical Communications, 1996, 33: 7H-9H.

[23] Furuta A, Sato X, Takahashi K. Trace analysis of mercury compounds in natural gas condensate. Sendai and Kiryu: Process of the International Trace Analysis Symposium, 1992.

[24] Snell J, Qian J, Johansson M, et al. Stability and reaction of mercury species in organic solution. The Analyst, 1998, 123: 905-909.

[25] Bloom N. Determination of picogram levels of methylmercury by aqueous phase ethylation, followed by cryogenic gas chromatography with cold vapour atomic fluorescence detection. Canadian Journal of Fisheries and Aquatic Sciences, 1989, 46: 1131-1140.

[26] Bouyssiere B, Baco F, Savary L, et al. Speciation analysis for mercury in gas condensates by capillary gas chromatography with inductively coupled plasma mass spectrometric detection. Journal of Chromatography A, 2002, 976: 431-439.

[27] Snell J P, Frech W, Thomassen Y. Performance improvements in the determination of mercury species in natural gas condensate using an on-line amalgamation trap or solid-phase micro-extraction with capillary gas chromatography-microwave-induced plasma atomic emission spectrometry. Analyst, 1996, 121: 1055-1060.

[28] Bulska E, Baxter D C, Frech W. Capillary column gas chromatography for mercury speciation. Analytica Chimica Acta, 1991, 12: 545-554.

[29] Mizuishi K, Takeuchi M, Hobo T. Direct GC determination of methylmercury chloride on HBr-methanol-treated capillary columns. Chromatographia, 1997, 44(7-8): 386-392.

[30] Kato T, Uehiro T, Yasuhara A, et al. Determination of methylmercury species by capillary column gas chromatography with axially viewed inductively coupled plasma atomic-emission- spectrometric detection. Journal of Analytical Atomic Spectrometry, 1992, 7: 15.

[31] Barshick C M, Barshick S A, Walsh E B, et al. Application of isotope dilution to ion trap gas chromatography/mass spectrometry. Analytical Chemistry, 1999, 71: 483-488.

[32] Lansens P, Meuleman C, Leermakers M, et al. Determination of methylmercury in natural waters by

headspace gas chromatography with microwave induced plasma detection after preconcentration on resin containing dithiocarbamate groups. Analytica Chimica Acta, 1990, 234: 417-424.

[33] Lobinski R, Admas F C. Speciation analysis by gas chromatography with plasma source spectrometric detection. Spectrochimica Acta, Part B, 1997, 52B: 1865-1903.

[34] Sullivan J J, Quimby B D. Characterization of computerized photodiode array spectrometer for gas chromatography-atomic emission spectrometry. Analytical Chemistry, 1990, 62: 1034-1043.

[35] Quimby B D, Sullivan J J. Evaluation of microwave cavity, discharge tube and gas flow system for combined gas-chromatography-atomic emission detection. Analytical Chemistry, 1990, 62: 1027-1034.

[36] Pontes F V M, Carneiro M, Vaitsman D S, et al. Investigation of the Grignard reaction and experimental conditions for the determination of inorganic mercury and methylmercury in crude oils by GC-ICP-MS. Fuel, 2014, 116: 421-426.

[37] Schickling C, Broekaert J A C. Determination of mercury species in gas condensates by on line coupled high performance liquid chromatography and cold vapor atomic absorption spectrometry. Applied Organometallic Chemistry, 1995, 9: 29-36.

[38] Zettlizer M, Scholer H F, Eiden R, et al. Determination of elemental, inorganic and organic mercury in North German gas condensates and formation brines. Houston, Texas: International Symposium on Oilfield Chemistry, 1997.

[39] Yun Z J, He B, Wang Z H, et al. Evaluation of different extraction procedures for determination of organic mercury species in petroleum by high performance liquid chromatography coupled with cold vapor atomic fluorescence spectrometry. Talanta, 2013, 106: 60-65.

[40] Wilhelm S M, Bloom N. Mercury in petroleum. Fuel Processing Technology, 2000, 63: 1-27.

[41] Yan T Y. Mercury removal from oils. Chemical Engineering Communications, 2000, 177: 15-29.

[42] 蒋斌, 蒋洪, 张磊. 凝析油脱汞工艺方案研究. 现代化工, 2018, 38(4): 201-205.

[43] 林富荣, 曾天亮. 天然气脱汞吸附剂的制备及其性能评价. 石油与天然气化工, 2019, 48(1): 38-44.

[44] Candelon J C, Pucci A, Jubin C. Process for elimination of mercury contained in a hydrocarbon feed with hydrogen recycling. US Patent, No. 9011676.

[45] Reddy U K, Alshoaibi A, Srinivasakannan C. Gas-phase mercury removal through sulfur impregnated porous carbon. Journal of Industrial and Engineering Chemistry, 2014, 20: 2969-2974.

[46] Zhang H, Sun H, Zhang D, et al. Nanoconfinement of Ag nanoparticles inside mesoporous channels of MCM-41 molecule sieve as a regenerable and H_2O resistance sorbent for Hg^0 removal in natural gas. Chemical Engineering Journal, 2019, 361: 139-147.

[47] Chalkidis A, Jampaiah D, Hartley P G, et al. Mercury in natural gas streams: A review of materials and processes for abatement and remediation. Journal of Hazardous Materials, 2020, 382: 121036.

[48] Khairi N A S, Yusof N A, Abdullah A H, et al. Removal of toxic mercury from petroleum oil by newly synthesized molecularly-imprinted polymer. International Journal of Molecular Sciences, 2015, 16: 10562-10577.

[49] Nasirimoghaddam N S, Zeinail S, Sabbaghi S. Chitosan coated magnetic nanoparticles as nano-adsorbent for efficient removal of mercury contents from industrial aqueous and oily samples. Journal of Industrial and Engineering Chemistry, 2015, 27: 79-87.

汞在天然气脱水用醇溶液中溶解度的测定[*]

李 剑，赵允龙，严启团，段钰锋，王淑英，张 翔，韩中喜

0 引言

汞（Hg）是毒性最强的重金属之一，常见于包括岩石圈、水圈、大气和生物圈在内的全球环境中[1]。天然气中汞的高毒性和腐蚀性，可能对操作人员的健康构成潜在威胁，腐蚀管道设备，导致下游行业的贵金属催化剂（如铂、钯、银等）中毒，污染环境[2]。乙二醇脱水在气体处理操作中应用广泛，尤其是三甘醇（TEG）。同时，通常会注入热力学抑制剂［如乙二醇（MEG）和甲醇］，以防止形成水合物，进而堵塞管道和阀门，确保脱水和脱烃过程顺利进行。

Carnell 等[3]报道三甘醇中汞的饱和浓度可达到 2.90ppm（温度和压力未知）。室温下 Hg 在水和甲醇中的溶解度由 Clever[4]测定，分别为 60ppb[①]和 722ppb。Sabri 等[5]使用 Ontario 法（OHM）测量了室温下 Hg^0 在乙二醇中的溶解度，其范围为 0～60ppb，当 pH 从 9 降至 6 时可增加到 80ppb。溶液采用电感耦合等离子体质谱（ICP-MS）进行分析。在最近的研究中，Gallup 等[6]通过在溶剂中加入柠檬酸亚锡等还原剂来抑制汞的氧化，从而测定了还原条件下汞元素在几种醇和乙二醇溶剂中的平衡浓度。汞浓度由冷蒸气原子荧光光谱仪（CVAFS）测定。

由于实验条件和分析方法不同，且实验条件和分析方法也不同，汞在醇和乙二醇中的溶解度还缺乏可靠的实验数据。本文用平衡法测定了元素汞在水、甲醇、乙二醇、三甘醇及混合溶剂中的溶解度。同时，对实验数据进行了相关拟合，有助于研究天然气加工过程中汞的分布情况，为汞污染的防治提供理论依据。

1 实验

1.1 仪器和步骤

实验是将 800mL 添加了 10g 液态汞（以 Hg^0 计）的溶剂放入溶解釜中。设备示意图如图 1 所示。将所有溶剂在给定温度和压力下搅拌一定时间（约 6h），然后停止搅拌一段时间（约 2h）后对上层溶液进行分析，并以汞的浓度作为该温度下的溶解度。通过探索性实验确定了搅拌和沉降时间。在取样操作前，用泵将取样管抽成真空，以避免汞蒸发损失。为了消除温度波动带来的影响，将样品快速转移到水浴消解管中进行进一步消解和分析。

---

[*] 原载于 *IOP Conference Series Materials Science and Engineering*，2018 年，394：22060。
① 1ppb=10^{-9}。

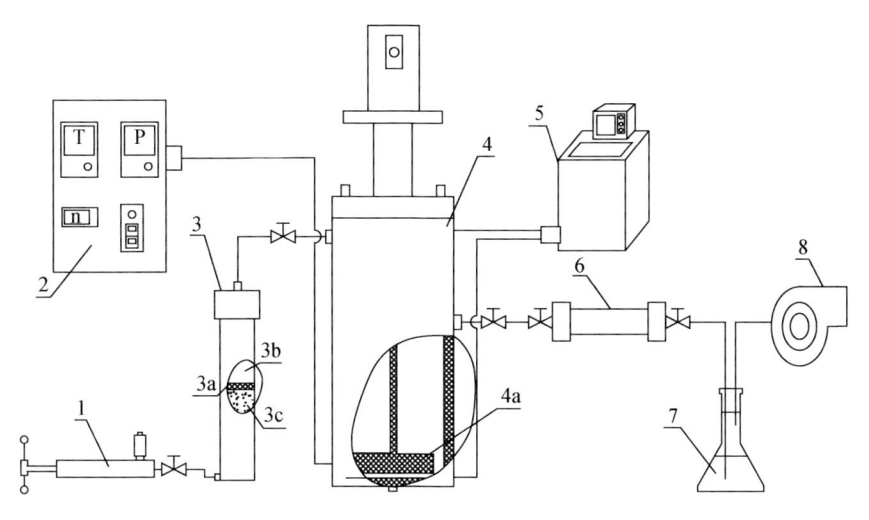

图 1 溶解度测定实验装置

1.压力泵；2.控制面板；3.充液罐（3a.活塞；3b.溶剂；3c.水）；4.溶解釜（4a.搅拌耙）；5.温控系统；6.取样管；7.吸收瓶；8.真空泵

1.2 分析方法

由于汞检测的重现性较差，预处理是影响准确测定样品中汞含量的主要因素之一。在本研究中，样品消解采用湿法密闭消解结合水浴消解进行样品消解，消解时采用过氧化氢与硝酸混合消解。通过多次初步实验，确定了 $HNO_3：H_2O_2$ 最佳配比为 5∶1。消解后的样品用 5% HNO_3 稀释，然后用自动测汞仪 Hydra AA（Leeman Labs Inc.）进行分析。每个样品重复测定 3 次，保证三次样品测定值相对标准偏差（RSD）在 3%以内。仪器最低检测限为 1ng/L。

溶解度（平衡浓度）计算公式如下：

$$X = \frac{c \times V}{m}$$

式中，X 为样品中汞的含量，ng/g；c 为消解后样品中汞的浓度，ng/mL；V 为消解后样品的总体积，mL；m 为样品质量，g

为了验证实验装置的可靠性，将汞在水中的溶解度与文献数据进行了比较[6]。结果如图 2 所示，可以看出，本研究报告的实验数据与文献数据一致，文献溶解度与本研究测定的溶解度的最大相对偏差小于 5%。

2 结果与讨论

2.1 温度对汞溶解度的影响

表 1 和图 3 总结了不同温度（253～353K）下汞在纯溶剂中的溶解度测定数据。结果表明，液态汞在甲醇、MEG 和 TEG 中的溶解度随温度的升高而增加，均远高于汞在水中的溶解度，这可能是由于这些溶剂分子中的羟基以及汞与溶剂分子之间的相互作用所致。在 273～333K 的相同温度范围内，液态汞在甲醇中的溶解度最高，在 MEG 中的溶解度最

低。甲醇中的汞溶解度最高，在 333K 时为 4013.9ppb，其次是 TEG（333K 时为 2024.1ppb）和 MEG（333K 时为 1185ppb）。

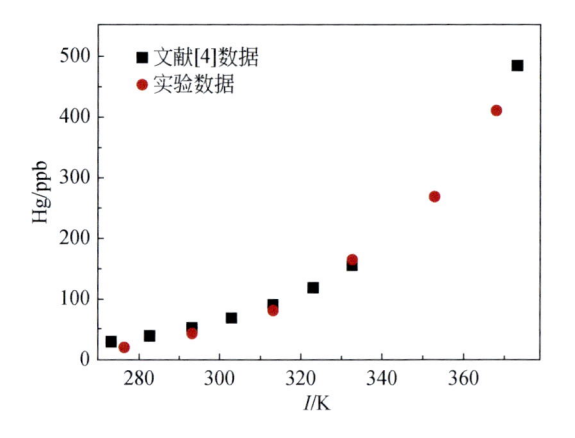

图 2　汞在纯水中的溶解度

表 1　汞在纯溶剂中的溶解度表

T/K	253	273	293	313	333	353	373
MEG/ppb	39.1	82.4	238	552	1185	2763	5280
甲醇/ppb	46.4	191.3	592.5	1814.8	4013.9		
TEG/ppb			465.8	937.2	2024.1	4982	9610

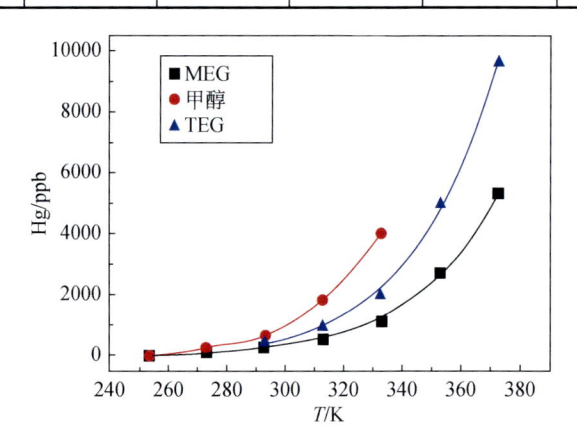

图 3　汞在纯溶剂中的溶解度示意图

本实验所得到的溶解度的增长趋势与 Gallup 报道的趋势一致，但本研究测得的数值略高于文献[6]。原因可能是 Gallup 的实验中添加的还原剂抑制了溶质和溶剂之间的相互作用，而这是溶解过程的重要组成部分[7]。

在所有 3 种溶剂中，测得的汞溶解度都是温度的指数函数（图 3），因此可以使用表 2 中列出的方程预测 Hg^0 的溶解度，这些方程与实验数据进行了拟合。

比较汞在甲醇和 MEG 中的溶解度，表明用于气体脱水的甲醇比 MEG 更容易受到汞污染[8]。汞的溶解规律表明，随着温度的降低，汞的溶解度会降低。在工业应用中，汞可能沉淀沉积在设备的底部或表面，从而对低温处理设备造成腐蚀[9]。

表 2　拟合汞溶解度方程

溶剂	汞溶解度	R^2
MEG	$X_{Hg}=-105.584+0.0165e^{0.034T}$	0.998
甲醇	$X_{Hg}=-188.691+0.0088e^{0.039T}$	0.997
TEG	$X_{Hg}=-333.411+0.0348e^{0.034T}$	0.996

2.2　溶剂浓度对汞溶解度的影响

为了确定溶剂浓度的影响，我们用水稀释了纯乙二醇，以模拟贫乙二醇和富乙二醇。实验表明，汞在混合溶剂（MEG+水和 TEG+水）中的溶解度低于在纯溶剂中的溶解度（表3、表4）。因此，随着乙二醇浓度的降低，汞的溶解度也如预期的那样逐渐降低。

表 3　不同浓度乙二醇（MEG）中的汞溶解度

T/K	253	273	293	313	333
99%MEG/ppb	39.1	82.4	238	552	1185
82%MEG/ppb	24.6	52.9	118.7	386	917
40%MEG/ppb	12.3	27.6	70.2	166	463

表 4　不同浓度三甘醇（TEG）中的汞溶解度

T/K	293	313	333	353	373
99%TEG/ppb	465.8	937.2	2024.1	4982	9610
80%TEG/ppb	326	593.6	974	2461	5725
40%TEG/ppb	102.6	217.4	563.8	927	1930

虽然这些溶剂中的汞浓度为 ppb 或 ppm 级，但考虑到这些汞含量远高于饮用水（2ppb）或其他向环境排放液体的标准，它们仍然是非常重要的。由于汞的高毒性和腐蚀性，天然气中的汞会对工人的健康造成危害，腐蚀管道设备，导致下游工业的贵金属催化剂中毒，并污染环境。

3　结论

本文设计了一套用于测定汞的溶解度实验装置。测量了单质汞在甲醇、MEG 和 TEG 等几种气体脱水溶剂中的溶解度。实验结果表明，汞在不同溶剂中的溶解度存在很大差异。汞在三种溶剂中的溶解度随温度的升高而增加，温度范围为 253~373K。尤其是在 273~333K 的温度范围内，汞在溶剂中的溶解度遵循以下一般顺序：甲醇＞TEG＞MEG＞水。此外，还研究了溶剂浓度对汞溶解度的影响。随着溶剂浓度的降低，溶解度略有下降。

参 考 文 献

[1] Ryzhov V V, Mashyanov N R, Ozerova N A, Regular variations of the mercury concentration in natural gas. Science of the Total Environment, 2003, 304(2003): 145-152.

[2] Wilhelm S M, Bloom N. Mercury in petroleum. Fuel Processing Technology, 2000, 63: 1-27.

[3] Carnell P J H, U.S. Patent 7, 435, 338, 2008.

[4] Clever H L. Mercury in Liquids, Compressed Gases, Molten Salts and Other Elements. Oxford: Pergamon Press, 1987.

[5] Sabri Y M, Ippolito S J, Tardio J. Studying mercury partition in monoethylene glycol (MEG) used in gas facilities. Fuel, 2015, 159: 917-924.

[6] Gallup D L, O'Rear D J, Radford R. The behaviour of mercury in water, alcohols, monoethylene glycol and triethylene glycol. Fuel, 2017, 196: 178-184.

[7] Frech W, Baxter D C, Dyvik G. On the determination of total mercury in natural gases using the amalgamation technique and cold vapour atomic absorption spectrometry. Journal of Analytical Atomic Spectrometry, 1995, 1010: 769-775.

[8] Akerlof G. Dielectric constants of some organic solvent-water mixtures at various temperatures. Journal of the American Chemical Society, 1932, 54: 4125-4139.

[9] Benoit J M, Mason R P, Gilmour C C. Constants for mercury binding by dissolved organic matter isolates from the Florida Everglades. Geochimica Et Cosmochimica Acta, 2001, 65: 4445-4451.

改性活性炭对含汞废气吸附机理及性能研究[*]

李 剑，严启团，李 新，庾小芳，卢良玉，王淑英，葛守国

0 引言

汞是常温下唯一一种液态金属，且会蒸发，含汞化合物多有剧毒[1]。近年来，随着《水俣公约》对我国正式生效，国内逐渐加强了对汞检测、汞防护及汞污染治理方面的研究。工业发展进程中遗留下来的含汞产地及废物（矿渣、土壤、沉积物等）修复过程中产生的废气和工业上（石油、冶金、化工等）产生的含汞废气，严重威胁着人类的健康，迫切需要安全性强且经济可靠的技术来治理[2-4]。活性炭是一种常见的重金属吸附材料，其通过对木质、煤质等含碳原料进行炭化、活化等一系列工艺操作制备出来的微晶质碳物质，外观呈黑色，内部有不同孔隙结构，表面积大而且表面化学基团丰富[5-6]。孔径分布和比表面积决定了其物理性质，表面官能团的数量及种类决定了其化学性质，化学性质和物理性质决定了其吸附性能[7]。由于其具有比表面积大、孔结构发达且物理化学性质稳定，以及本身具有吸附能力强等优势，是研发与制备脱汞材料的理想基体。为了满足工业上活性炭对不同质量分数汞高吸附量的要求，采取对普通活性炭进行改性处理后以提高其吸附能力。本文分析了市售不同载硫组分活性炭的基本性能及对汞的吸附效果，旨在筛选出工程应用中具有较高吸附能力及更具有研究价值的活性炭，从而提高生产运行效率。

1 实验部分

1.1 供试活性炭

本实验采购市售的 4 种活性炭，分别编号为 SC1、SC2、SC3、SC4，4 种价格分别为每吨 1.4 万元、1.3 万元、2.8 万元、4 万元，其中各元素的质量分数如下表 1 所示。

表1 4种不同含硫活性炭元素分析

样品	N	C	H	S	O
SC1	0.36	86.43	0.70	0.13	6.99
SC2	0.35	80.28	0.76	0.80	8.35
SC3	0.25	80.36	0.71	6.02	5.00
SC4	0.16	73.48	0.71	11.46	8.47

---

[*] 原载于《当代化工》，2021 年，第 50 卷，第 9 期，2079～2086。

1.2 测试和表征

样品的元素分析采用 Elementar Varioel Cube 有机元素分析仪进行测试；采用美国热电集团 Nicolet 670 型傅里叶变换红外光谱仪进行表征；样品的形貌用日本电子的 7610f 扫描电子显微镜进行表征；比表面积及孔容孔径测定采用麦克 ASAP2460 型全自动比表面及孔隙度分析仪进行测试。

1.3 实验构建及方法

图 1 为模拟载硫活性炭脱汞实验装置示意图，主要由 U 型管、汞渗透管（OMG-6-6，康纳环境技术公司）、恒温油浴锅、炭吸附柱、尾气处理装置、载气 N_2 及气体流量计构成。

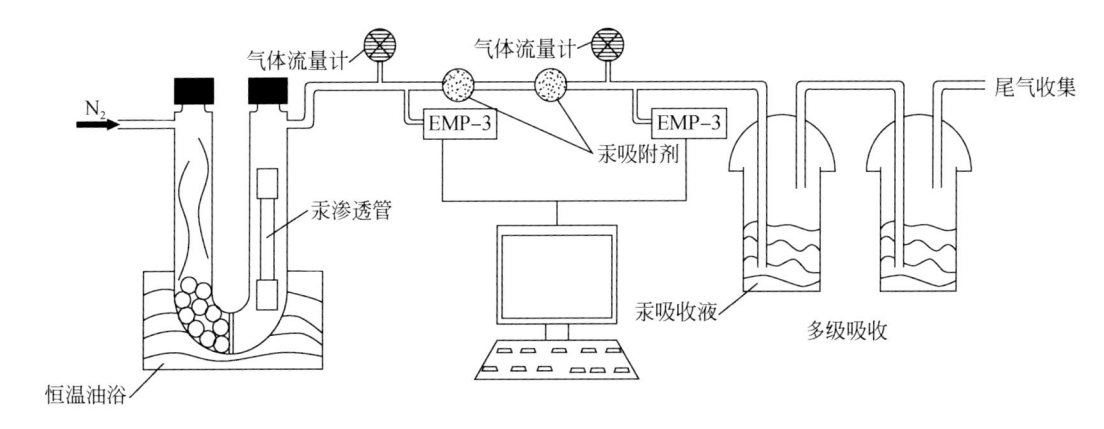

图 1 载硫活性炭脱汞实验装置示意图

实验在恒温油浴锅加热到 95℃条件下，使"U"形管内的汞渗透管产生汞蒸气，气体通过高纯 N_2 作为载气经过活性炭吸附柱吸附，载气流速为 10L/min，汞的渗透速率 500ng/min，活性炭吸附柱内 4 种不同商售活性炭按照 20.0g 的质量填装后进行吸附。产生的尾气由汞吸收液再次吸收，保证尾气内汞的零排放。汞蒸气的流速通过气体流量计调控载气 N_2 控制，在活性炭吸附柱的前后端分别采用日本产的 EMP-3 对汞蒸气浓度进行监测。载硫活性炭的脱汞指标用脱汞率 η 和单位汞吸附量 q 表示[8]：

$$\eta = (1 - C_{out}/C_{in}) \times 100\%; \tag{1}$$

$$q = \left[C_{in} \int_0^t Q \left(1 - \frac{C_{out}}{C_o}\right) dt \right] / m \tag{2}$$

式中，C_{out} 为出口汞质量浓度，$\mu g/m^3$；C_{in} 为入口汞质量浓度，$\mu g/m^3$；q 为单位质量活性炭汞吸附量，$\mu g/g$；Q 为气体体积流量，m^3/min；t 为吸附时间，min；m 为活性炭质量，g。

2 结果与分析

2.1 不同活性炭的 FTIR 表征参数对比

4 种不同活性炭的红外光谱显示如图 2 所示，由图可知，在 3436cm^{-1} 处有一个较宽的吸收峰,其为羧基的特征峰,可能是 O—H 伸缩振动结果或者为化学吸附水 O—H 的存在[8]。在 2000cm^{-1} 以下,4 种活性炭在 1633cm^{-1}、1383cm^{-1}、1074cm^{-1} 处出现了 3 个吸收峰。其中位于 1633cm^{-1} 附近的吸收峰可归属于活性炭骨架中 C=C 键的伸缩振动吸收,1383cm^{-1} 为羧酸盐 COO—的不对称的伸缩振动谱峰;1050~1200cm^{-1} 处的峰可归属于 C=S 键的伸缩或 CH$_2$—O—CH$_2$ 中的 C—O 伸缩振动峰。从定性分析的角度看,红外谱峰的相对强度在某种程度上可以反映其所含有的官能团的浓度[8]。在 3436cm^{-1} 处的吸收强度为 SC1<SC2≈SC3<SC4,表明 SC4 处形成的含有 O—H 化学键的官能团较多。羧基和酯基作为两种含氧官能团,能够为 Hg 的吸附脱除提供化学活性位,有利于提高汞脱除效率[9]。在 1074cm^{-1} 的吸收强度为 SC1<SC2<SC3<SC4,此处归属于 C=S 键的伸缩振动,这与 4 种活性炭中 S 质量分数的检测结果一致,SC4 样中 S 质量分数最高,因此 C=S 键的伸缩振动也最强。在一定的反应条件下,硫原子能够以 C—S/C=S 等碳硫化合物的形式与碳基相互结合[10]。非氧化态 S 由于 S 原子价态较低,未配对的电子较多,能够与 Hg^0 形成配位键,或以初始附着点进行吸附,促进 Hg 的去除[11]。

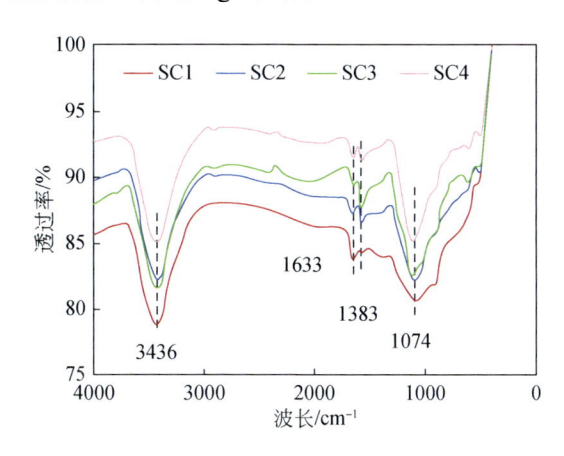

图 2 4 种不同活性炭红外光谱图

2.2 不同活性炭的 SEM 及 EDS 表征参数对比

活性炭粉末是由很多棒状的碳基构成的。表面比较粗糙,形成不同沟壑状,表示不同类型的比表面积大小不同,如图 3 所示。对比 4 种活性炭的 SEM 图发现,SC2 活性炭截面相对平整,通道以中、大孔径为主,SC3 活性炭截面粗糙,且含有较多的颗粒状凸起部分,其比表面积相对较大。且通过 EDS 能谱图得知,4 种不同活性炭中 SC1 与 SC2 中 S 质量分数较小,SC3 与 SC4 中有较高的 S 质量分数,且分布均匀。

根据 SEM 图对 4 种不同活性炭的相关特性进一步分析(表 2),SC2 活性炭的比表面积最小为 435.81m^2/g,孔容为 0.233cm^3/g,SC3 活性炭的比表面积最大为 1014.37m^2/g,孔容为 0.562cm^3/g,4 种活性炭之间的平均孔径大小无明显差异。孔结构特性、较大的比表面积均有利于活性炭表面更多的活性组分与含 Hg 蒸气接触,促进 Hg 的去除。

表 2 4 种不同活性炭比表面积、孔容及孔径统计表

样品	$S_{BET}/(m^2/g)$	总孔容/(cm^3/g)	平均孔径/nm
SC1	787.39	0.348	0.18
SC2	435.81	0.233	0.21
SC3	1014.37	0.562	0.22
SC4	491.38	0.240	0.19

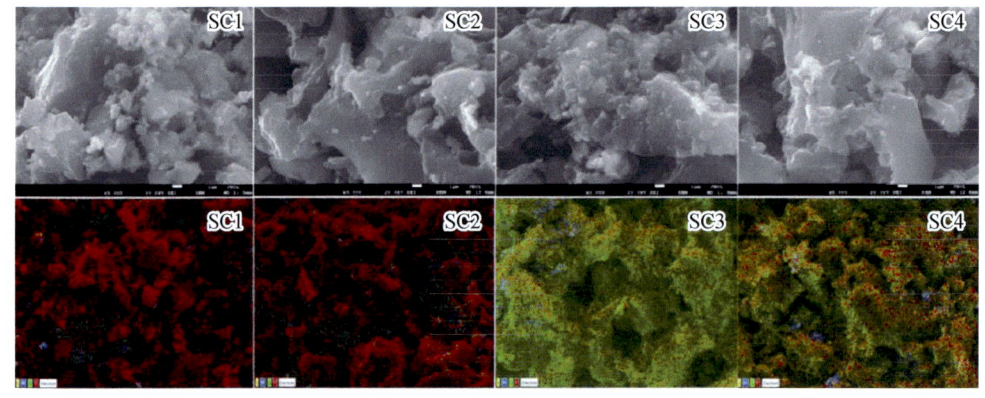

图 3 4 种不同活性炭的 SEM 及 EDS 表征

2.3 不同活性炭对汞的吸附效果影响

按照 10L/min 的高纯 N_2 载气流速对 4 种不同活性炭进行吸附性试验，对比 4 种不同活性炭的吸附效能，通过式（2）计算得出单位质量的汞吸附量，结果如图 4 所示。在 600min 时间内，SC1 与 SC2 的吸附量为 30μg/g，SC3 与 SC4 活性炭的吸附量高达 180μg/g 以上，单位质量内活性炭吸附效率高。主要原因为 SC1、SC2 活性炭 S 质量分数均较低，两种活性炭的吸附主要为物理吸附及羧基和酯基两种含氧官能团的化学吸附，其表面官能团参与复杂的 Hg^0 氧化的电子转移过程，最终以 HgO 的形式将其稳定吸附在活性炭表面；SC3 及 SC4 活性炭吸附效率高，主要体现在两者 S 质量分数相对较高，且 SC3 具有高比表面积（1014.37m^2/g），SC4 中 O 质量分数较高。气态 Hg 在载硫活性炭脱汞吸附剂上的结合形态以 HgS 和 HgO 为主。其中 HgS 最多，其次为 HgO，仅存在少量 Hg^0 [11-12]。S 与 Hg 的吸附主要为 Hg 的氧化、电子转移、电子重排。C 原子与 S 原子以单键的形式连接，Hg^0 被氧化成 Hg^{2+} 后与 S 原子共用两对电子，形成 Hg=S 双键；Hg=S 双键中的一个电子逃离转移至 C—S 单键上；Hg 原子与 C 原子分别各拥有一个自由电子，两者以 C—Hg 键的形式相互结合[13-14]。非氧化态硫存在未配对的孤对电子，有助于其与 Hg^0 反应进而将其吸附脱除，自身价态较高，没有空缺的电子对的硫酸盐等氧化态硫脱汞效果较差[15]。此外，活性炭的孔隙结构可能作为接收电子的电极参与到 Hg^0 的氧化过程[16]，一定数量的中孔和大孔可发生多层吸附或毛细凝聚[17]。

载硫活性炭的吸附过程可分为表面吸附和孔道扩散两个阶段，为进一步探究 4 种不同活性炭的吸附机制，采用颗粒内扩散模型来确定吸附机制。颗粒内扩散模型通常用于描述吸附过程中孔道内部扩散。颗粒内扩散方程为[8, 18]：

$$q_t = K_p t^{1/2} + C \tag{3}$$

式中，q_t 为单位质量汞吸附量，μg/g；K_p 为颗粒内扩散速率常数，μg/(g·min$^{1/2}$)；C 为与边界层有关的常数，μg·g；t 为反应时间，min

4 种不同市售活性炭内扩散方程拟合得到参数和相关系数如表 3 所示。SC1 与 SC2 在初始阶段（120min）内扩散速率相对较高（图 4），表明初始阶段大量的活性吸附位所吸附，表面吸附为主；随着吸附时间的推移，表面少量的 S 与 Hg 结合后，表面活性位被逐渐覆盖，孔道内扩散开始起作用[19]。SC3 与 SC4 活性炭表面有大量的活性中心位，故主要发生过程为表面微孔吸附，颗粒内扩散作用微弱。

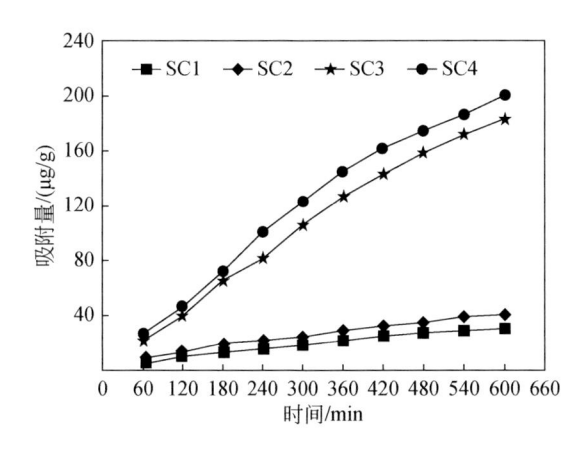

图 4　4 种不同活性炭的汞吸附量对比

表 3　4 种活性炭内扩散方程拟合得到参数和相关系数

样品编号	K_p	C	R^2
SC1	1.7396	-10.851	0.9878
SC2	2.0268	-10.415	0.9953
SC3	10.2800	-69.556	0.9877
SC4	11.0430	-68.485	0.9951

3　结论

（1）通过对 4 种不同市售载硫活性炭的表征及元素分析，市售载硫活性炭基本参数差距较大，选取的 4 种活性炭中 S 质量分数最高为 11.46%，最低为 0.13%；比表面积最大为 1 014.37m^2/g，孔容为 0.562cm^3/g；比表面积最小为 435.81m^2/g，孔容为 0.233cm^3/g，4 种活性炭之间的平均孔径大小无明显差异。

（2）通过对 4 种不同市售载硫活性炭进行汞的吸附实验，活性炭中 S 质量分数及比表面积影响汞的吸附效率，S 质量分数及比表面积大小与其对汞的吸附效率成正比，高比表面积及高 S 质量分数对汞的吸附效率最高。但 SC3 活性炭性价比最高。

（3）高 S 质量分数活性炭对汞的吸附主要为表面微孔吸附，颗粒内扩散作用微弱。低 S 质量分数活性炭对汞的吸附，初始阶段为表面微孔吸附，表面活性位被逐渐覆盖后，孔道内扩散开始起作用。

综上所述，SC3 活性炭性价比最高。在工程活性炭选购过程中，应结合经济成本等因素，选购高 S 质量分数及高比表面积的活性炭，从而提高工程处理过程中的效率。

参 考 文 献

[1] 李永华, 王五一, 杨林生, 等. 汞的环境生物地球化学研究进展. 地理科学进展, 2004, (6): 33-40.

[2] US EPA. Binational toxics strategy mercury progress report. from alexis cain, epa region 5, to the binational toxics strategy mercury workgroup. http: //www. epa. Gov/region5/mercury/progress06. March 16, 2006.

[3] 王淑英, 唐楚寒, 李剑, 等. 油气田含汞污泥处理技术现状与展望. 石化技术, 2020, 27(9): 67-68.

[4] 王立坤. 吸附法去除电厂汞的研究进展. 当代化工, 2014, 43(2): 213-215.

[5] 杨四娥, 林建清. 活性炭的改性技术及其应用研究进展. 安徽农业科学, 2014, 42(9): 2712-2715.

[6] 建晓朋, 许伟, 侯兴隆, 等. 活性炭改性技术研究进展. 生物质化学工程, 2020, 54(5): 66-72.

[7] 黄河, 刘洪波, 高赛赛, 等. 酸改性活性炭在重金属与氨氮废水处理中的应用. 四川环境, 2013, 32(5): 131-134.

[8] 吕维阳, 刘盛余, 能子礼超, 等. 载硫活性炭脱除天然气中单质汞的研究. 中国环境科学, 2016, 36(2): 382-389.

[9] Sun P, Zhang B, Zeng X B, et al. Deep study on effects of activated carbon's oxygen functional groups for elemental mercury adsorption using temperature programmed desorption method. Fuel, 2017, 200: 100-106.

[10] Humres E, Peruch M, Moreira R, et al. Reactive intermediates of the reduction of SO_2 on activated carbon. Journal of Physical Organic Chemistry, 2003, 16: 824-830.

[11] Rumayor M, Fernandez M, Lopez A, et al. Application of mercury temperature programmed desorption (Hg TPD) to ascertain mercury/char interactions. Fuel Processing Technology, 2015, 132: 9-14.

[12] 李娜. 载硫活性炭的汞吸附与再生特性研究. 南京: 东南大学, 2019.

[13] Yao Y, Velpari V, Economy J. Design of sulfur treated activated carbon fibers for gas phase elemental mercury removal. Fuel, 2014, 116: 560-565.

[14] 陶君, 谷小兵, 李娜, 等. 载硫活性炭脱汞性能及其反应机理研究. 热能动力工程, 2020, 35(2): 201-207.

[15] 高洪亮, 周劲松, 骆仲泱, 等. 改性活性炭对模拟燃煤烟气中汞吸附的实验研究. 中国电机工程学报, 2007, 27(8): 26-30.

[16] 谭增强, 邱建荣, 苏胜, 等. 高效脱汞吸附剂的脱汞机理研究. 工程热物理学报, 2012, 33(2): 344-347.

[17] 陈诵英, 葛家澍, 林志军. 吸附与催化. 郑州: 河南科学技术出版社, 2001.

[18] 孙巍, 晏乃强, 贾金平. 载溴活性炭去除烟气中的单质汞. 中国环境科学, 2006, 26(3): 257-261.

[19] 尹艳山, 张军, 盛昌栋. NO 在活性炭表面的吸附平衡和动力学研究. 中国电机工程学报, 2010, 30(35): 49-54.

天然气低温处理过程中汞的分布与防治[*]

韩中喜,班兴安,苗新康,李 剑,张 斌,张凤奇

0 引言

汞是天然气中一种常见的有害重金属元素,主要以单质汞 Hg^0 的形式存在于天然气中[1]。汞不仅有毒,还具有腐蚀性,在天然气生产过程中,汞的存在给作业人员、生产设备和环境带来了潜在的安全隐患[2-4],尤其是在低温处理的过程中,天然气中的气态汞会随着温度的降低逐渐析出,沉积于容器底部或吸附在容器壁上,给检修作业带来很大的困难。另外,溶于乙二醇中的单质汞还可能会在乙二醇再生过程中排放到环境中,造成环境污染。为确保天然气用户的用气安全,一般要求外输天然气中汞质量浓度不超过 $28μg/m^3$ [5-6]。为消除天然气低温处理过程中汞的污染,并防止其向下游扩散,有必要开展天然气低温处理过程中汞分布规律的研究,在此基础上分析汞的防治方法。

1 低温处理工艺对汞的脱除作用

研究表明,低温处理工艺对汞具有很强的脱除作用[7]。Müssig 等认为低温处理后天然气中汞质量浓度可以降至 $5\sim15μg/m^3$ [5],处理后的天然气不需要进行脱汞处理就可以满足管输天然气的监管要求。Zettlizer 等对德国北部的一些气井进行天然气中汞含量检测,测得天然气中汞质量浓度为 $1700\sim4350μg/m^3$,经过低温处理后,各井站天然气中汞质量浓度降至 $2.6\sim14.0μg/m^3$,低温处理工艺对汞的脱除率在 99.4% 以上,德国北部地区部分气井原料气和产品气中汞含量见表 1。

表 1 德国北部地区部分气井原料气和产品气中汞含量

井号	原料气中汞含量/($μg/m^3$)	产品气中汞含量/($μg/m^3$)	脱除率/%
A	1700	2.6	99.8
B	2200	14.0	99.4
C	2200	6.0	99.7
D	1500	3.3	99.8
E	1750	7.4	99.6
F	4350	5.0	99.9
G	1700	9.0	99.5

对多套低温处理装置前后的天然气中汞含量进行检测,见表 2。从表 2 可以看出,低

---

[*] 原载于《石油与天然气化工》,2021 年,第 50 卷,第 3 期,35~39。

温处理工艺同样对汞具有强烈的脱除作用，汞脱除率为 81.4%～95.9%，平均为 90.1%。经低温处理后，天然气中汞含量主要与低温分离器内的温度和压力有关，温度越低，压力越高，低温处理后的天然气中汞含量也就越低。

表 2 低温处理装置对汞的脱除作用

处理装置编号	进装置前天然气中汞含量/(μg/m³)	进装置后天然气中汞含量/(μg/m³)	脱除率/%	低温分离器压力/MPa	低温分离器温度/℃
低温处理装置 1	326	28.1	91.4	6.4	−16.1
低温处理装置 2	272	50.5	81.4	6.4	−15.8
低温处理装置 3	591	24.1	95.9	6.4	−16.0
低温处理装置 4	644	24.5	91.5	6.4	−16.0
德国北部	1700～4350	2.6～14.0	99.4～99.9	7.0	−30.0

低温处理过程中汞的流向 Grotewold 等认为 50%～60%的汞会聚集在低温分离器的底部，15%～20%的汞会在气体洗涤过程中被分离，剩余 20%～35%的汞进入下游管线[8]。

Müssig 等认为建立天然气处理厂内汞的物料平衡非常困难，这是因为：①由于采样或检测方法所导致的汞含量检测数据错误；②很难准确测定装置在清理过程中过滤器、污泥和废弃物中的汞含量；③被装置或管道壁吸附的汞含量未知。但 Müssig 等也给出了一些估计数据，约 95%的汞产生于清理、维修和维护过程中，其余 5%则进入大气或管道系统，见图 1[5]。

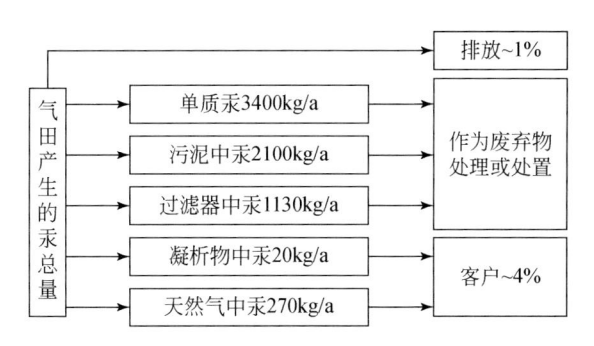

图 1 典型气田汞的平衡

Nutavoot Pongsiri 对 Unocal 石油公司在泰国湾地区油气开发过程中汞的分布进行研究，在凝析油、气田水和污泥中均发现了汞的存在。凝析油中汞质量浓度为 500～800μg/L，气田水中汞质量浓度为 30～800μg/L。由表 3 可以看出，接近 65%的汞存在于固体污泥当中，小于 3%的单质汞出现在外输气中，约 28%的汞溶解于凝析油中，其余 4%悬浮或溶解于气田水中[9]。

在天然气低温分离过程中，汞的流向包括：①在低温分离器底部析出的液态汞；②乙二醇再生过程中进入再生气中的汞；③进入下游产品中的汞，包括外输天然气中的汞，外输凝析油中的汞；④进入污水、污泥中的汞；⑤被容器或管道壁吸附的汞；⑥各种闪蒸气中的汞，如乙二醇闪蒸气、醇烃液三相分离器闪蒸气。

表 3   泰国湾地区天然气处理厂内汞的分布

汞（单质汞）的存在位置	汞质量分数/%
在固体污泥中	65
在凝析油中	28
在天然气中	3
在排出水中	4
总计	100

为进一步了解汞在天然气低温处理过程中的分布，以国内某天然气处理厂为例做进一步分析。该厂低温处理工艺流程如图 2 所示，运行参数及各设备汞含量检测数据如表 4 所列。

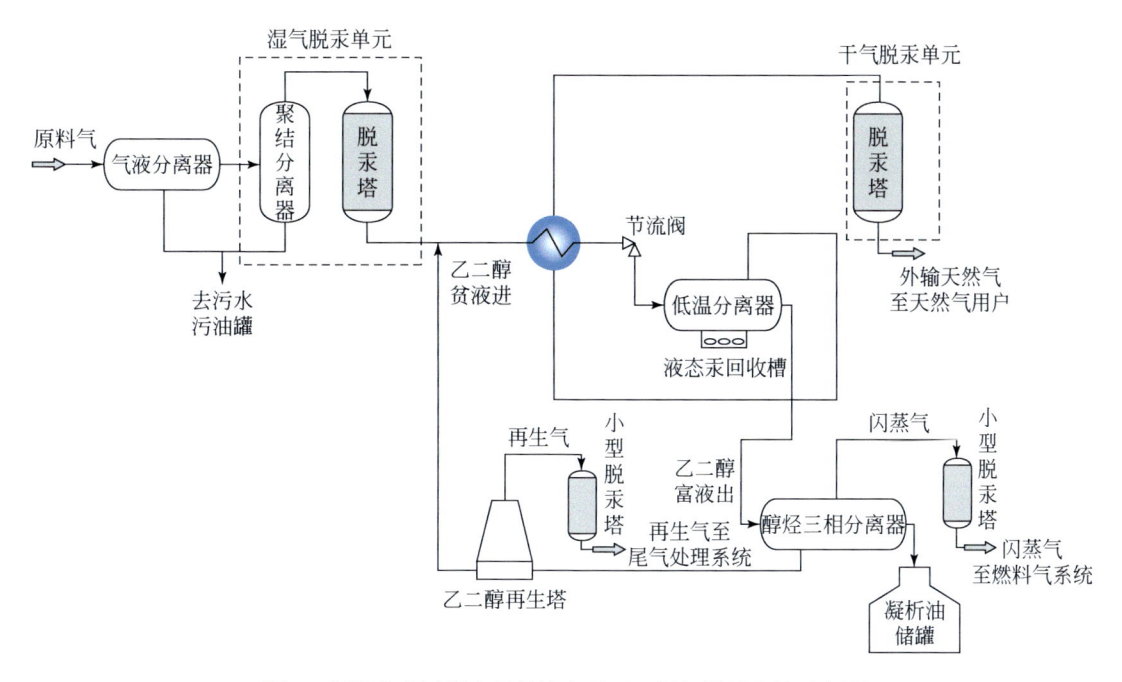

图 2   低温分离过程中汞的流向及干、湿气脱汞方法示意图

根据图 2 和表 4，将该厂气液分离器处存在于天然气、污油和污水中的汞量之和作为该厂总的汞量。之后在低温分离器处，部分汞仍存在于天然气中进入外输管道，部分汞进入凝析油中，部分汞进入乙二醇中，还有部分汞以液态汞的形式析出。乙二醇富液在闪蒸和再生过程中会将溶解的汞释放至闪蒸气和再生气。由于被管壁或容器壁吸附的汞是难以估计的，此处暂不讨论。由此，可以得出该厂汞的流向主要有以下 6 种途径：污油、污水、凝析油、乙二醇闪蒸气-再生气、外输气以及低温分离器底部的液态汞。可以根据污油、污水、凝析油和外输气中汞含量及质量流量计算出汞在上述介质中的质量流量。虽然无法直接计算进入乙二醇闪蒸气和再生气中的汞质量流量，但可以根据乙二醇富液和贫液中的汞含量以及质量流量间接计算。在低温分离器底部析出的液态汞量可以根据天然气中汞含量的变化间接计算。由表 5 可以看出，在该厂以低温分离器底部的液态汞占比最高，达到

75.10%，外输气和乙二醇闪蒸气和再生气占有一定比例，此外，还有部分汞进入污水中，污油和凝析油中占比较低。

表4 国内某采用低温处理工艺处理厂运行参数及汞含量数据表

位置	温度/℃	压力/MPa	流体类型	体积流量/(m³/d)	质量流量/(t/d)	气体中汞含量/(μg/m³)	液体中汞含量/(μg/L)
气液分离器	40.7	40.52	天然气污油	1488000 0.67		194	695
			污水		11		848
低温分离器	-16.2	6.77	天然气			29	
醇烃三相分离器	9.84	1.80	闪蒸气乙二醇富液		14.4	1210	2046
			凝析油		1.25		1351
乙二醇再生塔			乙二醇贫液				6.6

表5 国内某采用低温分离工艺处理厂内汞的流向及占比

序号	流向	汞质量流量/(g/d)	占比/%
1	污油	0.47	0.14
2	凝析油	1.69	0.52
3	污水	9.33	2.85
4	乙二醇闪蒸气和再生气	26.78	8.19
5	外输气	43.15	13.20
6	低温分离器底部的液态汞	245.52	75.10

2 低温处理过程中汞的防治

为了消除汞的污染，需要追踪低温处理过程中汞的各个流向，并选择适当的方法进行脱汞处理。低温处理过程中天然气中汞的防治方法可分为干气脱汞法和湿气脱汞法。

干气脱汞法是指为了确保外输天然气中汞含量达到控制指标要求（一般要求汞质量浓度不超过 28μg/m³）在天然气外输之前对其进行脱汞处理的方法，即将脱汞塔安装在外输口位置（见图2）。

干气脱汞法的优点主要体现在：①由于低温处理过程中大部分汞被脱除，脱汞剂用量少；②由于进塔天然气中不含凝析物，脱汞剂孔隙不会因凝析物发生堵塞，脱汞剂中的活性物质可以得到最大程度的利用；③不需要在天然气脱汞塔前增加额外的设备进行除凝析物处理；析出的液态汞可以作为宝贵资源进行回收。

干气脱汞法的缺点主要体现在低温处理过程中，析出的液态汞给检修作业带来了困难。

采用干气脱汞法时，为了实现液态汞的回收，需要在低温流程中设置多个液态汞回收槽，使之分布于流程中的相对低洼处。

湿气脱汞法是指为了尽可能消除低温处理过程中析出的液态汞给检修作业带来的困

难，将脱汞塔前移至低温处理之前（图2）。由于气液分离器对凝析物的分离能力有限，天然气在流出气液分离器时往往夹带一定量的凝析物，如液态水、液态烃。这些凝析物的存在会造成脱汞剂性能严重下降，甚至是失效，因此，需要添加聚结分离器等设备，以尽可能降低凝析物对脱汞剂的伤害。

湿气脱汞法的优点是可有效降低汞的析出。其缺点主要体现在：①由于天然气中所有的汞均在脱汞塔处脱除，脱汞剂用量大；②需要增加额外的设备，如聚结分离器；③对聚结分离器等额外设备要求较高，若凝析物分离不彻底，很容易造成脱汞剂性能下降，甚至是失效。

因此，应根据生产情况合理地安排脱汞方法。对于含汞的污水或污油，应根据相关监管要求采取适当的处理方法，此处不再赘述。

3　结论

（1）低温处理工艺对汞具有很强的脱除作用，低温处理后，天然气中汞含量主要与低温分离器内的温度和压力有关，温度越低，压力越高，低温处理后的天然气中汞含量也就越低。

（2）低温处理过程中汞的流向主要包括低温分离器底部析出的液态汞、乙二醇再生过程中进入再生气中的汞、进入下游产品中的汞、进入污水和污泥中的汞、被容器或管道壁吸附的汞和各种闪蒸气中的汞，其中，以低温分离器底部析出的液态汞为主。

（3）低温处理过程中汞的防治方法分为干气脱汞和湿气脱汞两种方法，其各有优缺点，选用时应根据生产情况合理地安排。

参 考 文 献

[1] Wilhelm S M, Bloom N. Mercury in petroleum. Fuel Processing Technology, 2000, 63(1): 1-27.
[2] 李剑, 韩中喜, 严启团, 等. 中国气田天然气中汞的成因模式. 天然气地球科学, 2012, 23(3): 413-419.
[3] 夏静森, 王遇冬, 王立超. 海南福山油田天然气脱汞技术. 天然气工业, 2007, 27(7): 2.
[4] 严启团, 张世坚, 蒋洪, 等. 三甘醇脱水装置汞分布及汞污染控制措施. 石油与天然气化工, 2018, 47(1): 7.
[5] Müssig S, Rothmann B. Mercury in natural gas-problems and technical solutions for its removal. Proceedings of SPE Asia Pacific Oil and Gas Conference and Exhibition. Kuala Lumpur, Malaysia: Society of Petroleum Engineers, 1997.
[6] 蒋洪, 王阳. 含汞天然气的汞污染控制技术. 石油与天然气化工, 2012, 41(4): 3.
[7] 林富荣, 曾天亮. 天然气脱汞吸附剂的制备及其性能评价. 石油与天然气化工, 2019, 48(1): 7.
[8] Grotewold G, Fuhrberg H D, Philipp. PD 16(1) production and processing of nitrogen-rich natural gases from reservoirs in the NE part of the federal republic of Germany. Proceedings of the 10th World Petroleum Congress, Bucharest, Romania: World petroleum congress, 1979.
[9] Pongsiri N . Thailand's initiatives on mercury. Proceedings of SPE Asia Pacific Oil and Gas Conference and Exhibition. Kuala Lumpur, Malaysia: Society of Petroleum Engineers, 1997.

天然气脱汞机理与技术发展现状[*]

李　剑，韩中喜，刘恩国，张洪杰，王用良，葛守国，田闻年，黄　恒

0　引言

汞是天然气中一种常见的有害重金属元素，汞不仅具有毒性而且具有腐蚀性，汞的存在给油气田生产带来潜在的安全隐患。当空气中汞含量达到 100μg/m³ 时就会引起慢性中毒，超过 1200μg/m³ 时会造成急性中毒[1]。在天然气生产过程中，汞很容易造成铝质设备腐蚀。1973 年，阿尔及利亚斯基克达（Skikda）天然气液化厂因铝质换热设备发生汞腐蚀而爆炸[2]。2006 年，海南福山油田天然气液化厂主冷箱至气液分离器的铝合金直管段因汞腐蚀而漏气[3]。2008 年 8 月至 2009 年 1 月，新疆雅克拉集气站主冷箱因汞腐蚀而发生数次刺漏，造成停产 50 多天。因此，对于高含汞气田需要进行脱汞处理，而搞清天然气脱汞机理与技术对保障脱汞效果具有重要意义。本文对两大类天然气脱汞机理与技术发展现状进行介绍，并对不同技术的优缺点进行分析。

1　天然气脱汞机理

天然气脱汞机理包括物理脱汞机理和化学脱汞机理，物理脱汞机理主要为低温分离脱汞机理，化学脱汞机理主要为载硫活性炭脱汞机理、金属硫化物脱汞机理和载银分子筛脱汞机理。

1.1　物理脱汞机理

物理脱汞又叫低温分离脱汞，其是利用低温下汞易于析出的性质而对天然气进行脱汞，可与天然气脱水、脱烃同步进行。汞在不同温度下的饱和汞蒸气浓度如表 1 所示。通常，低温分离温度越低，分离后天然气的汞含量越低，反之，低温分离温度越高，分离后天然气的汞含量越高[4]。

表 1　饱和汞蒸气浓度随温度变化数据表

温度/℃	浓度/(mg/m³)
−50	0.00589
−40	0.0237
−30	0.0845
−20	0.273

---

[*] 原载于《天然气化工（C1 化学与化工）》，2021 年，第 46 卷，第 1 期，11～15。

续表

温度/℃	浓度/(mg/m³)
−10	0.805
0	2.19
10	5.55
20	13.2
30	29.5
40	62.6
50	127

1.2 化学脱汞机理

1）载硫活性炭脱汞机理

载硫活性炭是利用负载到活性炭上的硫元素与汞发生反应形成硫化汞而进行脱汞的。在硫与汞的反应过程中，0价的硫原子（S^0）与0价的汞原子（Hg^0）发生氧化还原反应，硫原子获得电子，变成低价的硫离子（S^{2-}），汞原子失去电子，变成高价的汞离子（Hg^{2+}），硫离子（S^{2-}）与汞离子（Hg^{2+}）结合形成难溶的硫化汞（HgS），其反应如式（1）所示。载硫活性炭的活性除了与载硫活性炭的硫含量有关外，还与载硫活性炭上硫的形态有关，载硫温度越高长链硫越易断裂成短链硫，载硫活性炭的脱汞性能也就越强[5]。当然过高的载硫温度会导致载硫量和活性炭强度下降的现象。

$$S+Hg \longrightarrow HgS \tag{1}$$

2）金属硫化物脱汞机理

金属硫化物脱汞剂主要是利用可变价金属的活性进行脱汞的[6]，以硫化铜脱汞为例，二价的铜离子（Cu^{2+}）与0价的汞原子（Hg^0）发生氧化还原反应，二价的铜离子（Cu^{2+}）变成低价的铜离子（Cu^+），而0价的汞原子（Hg^0）失去电子，变成二价的汞离子（Hg^{2+}），硫离子（S^{2-}）与汞离子（Hg^{2+}）结合形成难溶的硫化汞（HgS），从而达到脱汞的效果，其反应如式（2）所示。

$$2CuS+Hg \longrightarrow Cu_2S+HgS \tag{2}$$

3）载银分子筛脱汞机理

载银分子筛是利用负载到分子筛上的银单质易与汞单质（Hg^0）发生汞齐化反应而进行脱汞的[7]，在反应过程中银单质（Ag^0）与汞单质（Hg^0）互溶形成银汞齐（AgHg），其反应如式（3）所示。在加热时，银汞齐不稳定，当加热到一定温度后，银汞齐（AgHg）分解，形成单质银（Ag）和汞单质（Hg），其反应如式（4）所示。

$$Ag+Hg \longrightarrow AgHg（低温） \tag{3}$$

$$AgHg \longrightarrow Ag+Hg（高温） \tag{4}$$

2 天然气脱汞技术

根据天然气脱汞机理，天然气脱汞技术可以划分为两大类，即物理脱汞技术和化学脱汞技术，其中物理脱汞技术主要为低温分离技术，化学脱汞技术又可根据天然气脱汞剂的可否再生性进一步分为可再生天然气脱汞技术和不可再生天然气脱汞技术。

2.1 低温分离技术

低温分离工艺不仅具有脱水、脱烃的作用而且具有很强的脱汞作用，其脱汞原理与脱水、脱烃一致，即都是利用饱和蒸气压原理。若低温分离器温度足够低，天然气在经过低温分离工艺后一般就不再需要做进一步脱汞处理便可满足气质指标，低温分离后的天然气汞含量一般为 5~15μg/m³ [8]。

Zettlizer 等[9]采用低温分离技术对北德地区的一些天然气井进行了天然气汞含量检测，低温处理装置安装在井口位置，工艺流程如图 1 所示。该地区井口天然气汞含量在 700~4400μg/m³，经过低温处理后外输。井口天然气温度大体在 100℃左右，压力高达 40MPa，在游离水脱除期，一些水因冷凝和压降而形成。图 1 中加热器仅在回收初期使用，或在生产停止后系统冷却后使用，以防止水合物形成。经过压降和风冷后，气体温度下降至 25℃左右，压力下降至 10.5~12MPa。这样，水、汞和重烃被分离出来。添加乙二醇和经过热交换器后，温度进一步下降至-20℃。二次节流后温度进一步下降至-30℃以下，压力降至 7MPa。在低温分离器中，汞、水和重烃被有效脱除。水、烃在乙二醇再生时被分离，并通过液体泵输送至凝析油和地层水储罐。在低温分离后，各井点天然气中汞的脱除效率在 99.4%以上，外输天然气汞含量降至 10μg/m³ 以下，远低于 28μg/m³ 允许限值，如表 2 所示。

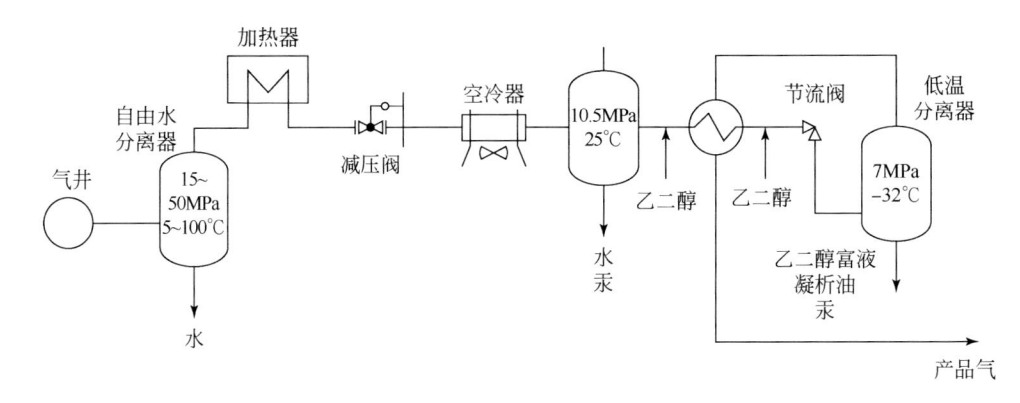

图 1 北德地区井口天然气处理工艺流程图

表 2 北德地区部分气井原料气和产品气汞含量

井号	原料气/(μg/m³)	产品气/(μg/m³)	脱除效率/%
A	1700	2.6	99.8
B	2200	24.0	99.4
C	2200	6.0	99.7
D	1500	3.3	99.8
E	1750	7.4	99.6
F	4350	5.0	99.9
G	1700	9.0	99.5

2.2 不可再生脱汞技术

不可再生脱汞技术采用不可再生脱汞剂，如载硫活性炭或金属硫化物脱汞剂。这些脱汞剂一般做成柱状或球状，充填入脱汞塔内，气流从脱汞塔顶部进入，从底部流出。在脱汞塔使用过程中，塔内脱汞剂可以分为3个区，即饱和区、吸附区和洁净区，如图2所示。当脱汞塔出口天然气汞含量超标时，由于部分脱汞剂未能达到完全饱和状态，为充分利用这部分脱汞剂，可将脱汞塔设计成双塔可串可并的组合形式，如图3所示，该型式除了可以提高脱汞剂的利用率外，还可以在不停产的情况下更换脱汞剂。

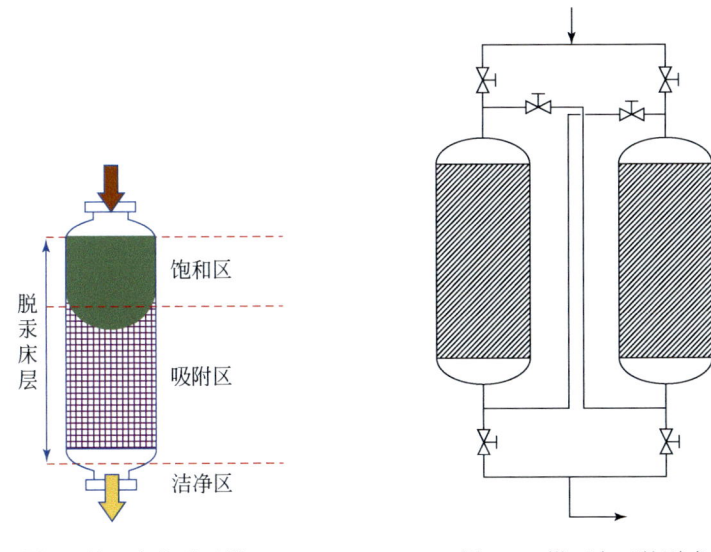

图2 使用中的脱汞塔

图3 双塔可串可并型式[10]

1）不可再生干气脱汞技术

不可再生干气脱汞技术是将脱汞塔设置在酸气脱除、脱水、脱烃等单元的下游，原料气经初步分离和过滤之后，先将酸气脱除，随后进行脱水、脱烃，干燥后的天然气进入吸附塔进行脱汞，流程如图4所示。

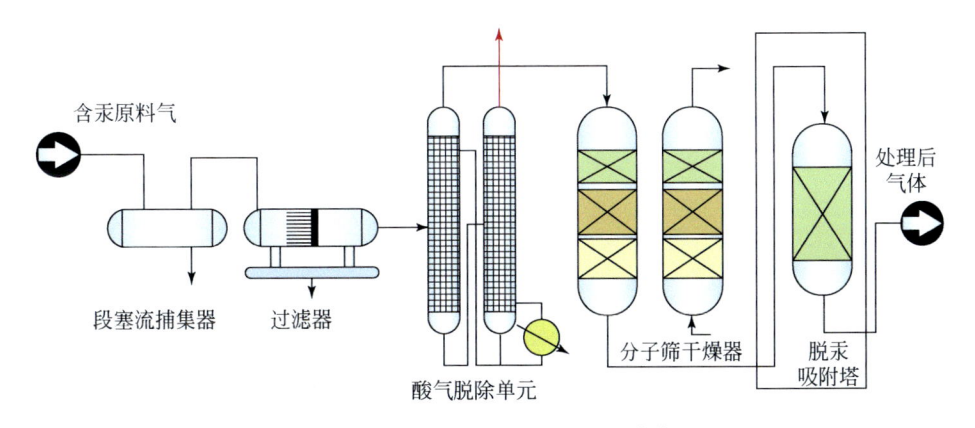

图4 干气脱汞技术流程示意图[11]

干气脱汞的优点是可以很好地保护脱汞剂免受液态物质的伤害，提升脱汞剂的利用率，缺点是可能会给处理厂带来二次污染，如低温分离器液态汞的析出、含汞的乙二醇再生气等。

不可再生干气脱汞技术在国内外应用较多，如新疆雅克拉集气处理站和海南福山LNG厂为保护低温铝质设备，在天然气液化之前先用装有载硫活性炭的脱汞塔去除掉天然气中的微量汞，再进行低温液化处理，进入天然气脱汞塔的天然气为经过分子筛脱水后的干气[3,12]。

2）不可再生湿气脱汞技术

不可再生湿气脱汞技术是将脱汞塔设置于酸气脱除、脱水、脱烃等装置的上游，原料气经过初步分离和过滤，除去大部分游离水和液烃后，进入装有脱汞剂的塔内进行脱汞处理，随后再进入脱酸气、脱水、脱烃等单元进一步处理。湿气脱汞技术流程如图5所示。湿气脱汞技术优点是有效地消除了汞的二次污染问题，缺点是对脱汞塔前的分离过滤装置要求高，若分离过滤不彻底，含液量高，很容易造成脱汞剂失效。

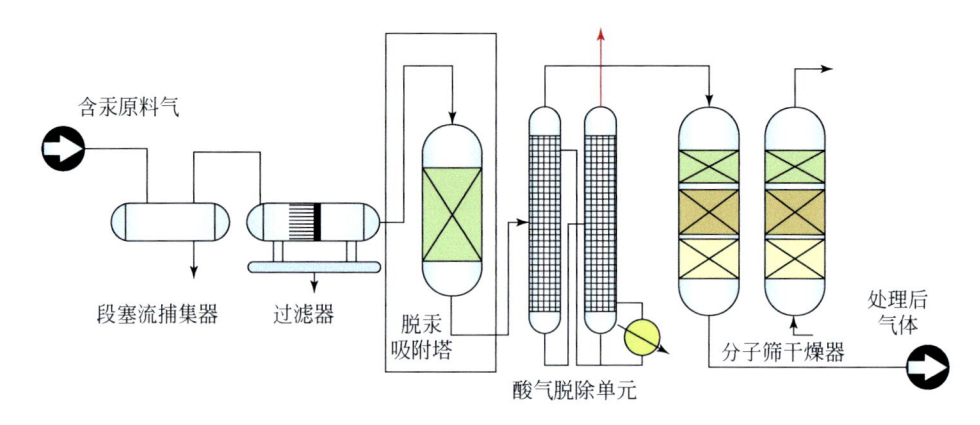

图5 湿气脱汞技术流程示意图[11]

不可再生湿气脱汞技术在国内外应用也比较多，如泰国PTT GSP-5天然气处理站，该站脱汞塔位于脱碳和脱水塔的上游，处理原料气，所使用的脱汞剂为金属硫化物脱汞剂，在脱汞塔安装后的第一年时间内进入脱汞塔的原料气汞含量为 26～135μg/(N·m^3)，流出脱汞塔的天然气汞含量始终小于设计值 0.01μg/(N·m^3)[13]。

2.3 可再生脱汞技术

1）技术原理

可再生脱汞技术通常与分子筛脱水技术同步进行，即在分子筛脱水塔中，顶部放置脱水分子筛，塔底放置少量载银分子筛。这样可以实现分子筛脱水与脱汞同步进行。由于载银分子筛再生温度与脱水分子筛再生温度相近，两者可以同步再生。分子筛再生后的含汞气体，国外一般采用不可再生脱汞剂进行吸附处理，为消除危废的产生，近几年，国内提出了含汞分子筛再生气资源化回收利用的技术，即对再生气进行低温分离，对液态汞进行回收利用，从而达到资源化利用的目的。

2）技术流程

常见的可再生脱汞工艺如图 6 所示[7]，采用三塔（或两塔）模式，其中两塔（或一塔）脱水脱汞的同时，剩下的一塔再生/冷却。脱水脱汞塔中，上部装填脱水分子筛，下部装填脱汞剂。原料气进入脱水脱汞塔后，先通过脱水分子筛脱除大量的水分，然后流过脱汞剂进行脱汞。脱水脱汞后的部分产品气（6%~10%）用作再生气，经加热炉加热到 280℃左右后，进入脱水脱汞塔使其再生，汞蒸气和水蒸气随再生气排出，随后通过冷却器使汞和水部分冷凝并在分离器中分离析出，分离器中的气相汞含量依然较高，经加压后与进料气混合再次进入脱水脱汞塔。由于脱汞剂位于脱水脱汞塔的底部，在再生过程中，首先被再生气加热，脱汞剂能够较好地实现再生。

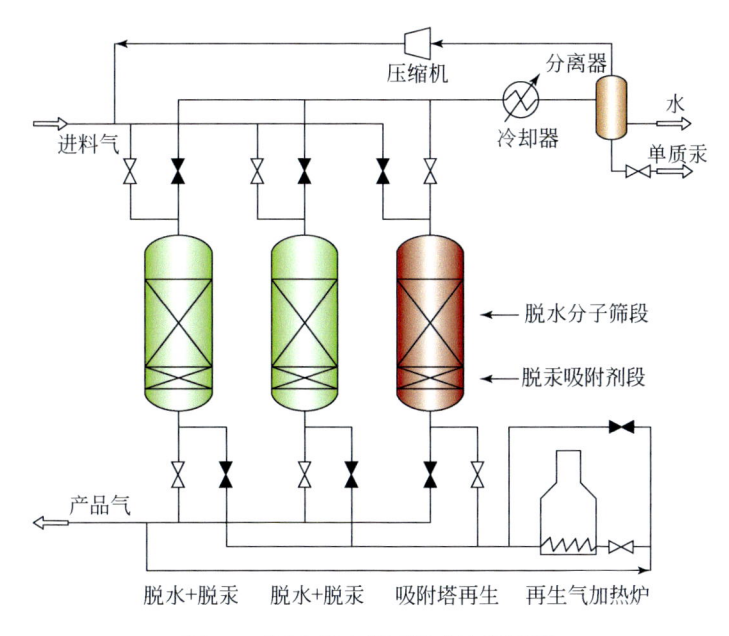

图 6 可再生脱水脱汞技术流程图[7]

以汞含量为 40μg/m³ 的原料气脱汞为例，研究脱汞剂在再生过程中的汞解吸情况，如图 7 所示[7]。再生塔出口的气相汞含量随再生温度的升高而先增大后减小，最大汞含量约为4200μg/m³，是原料气汞含量的420倍；随再生气排出的汞蒸气经冷却后，在分离器中的饱和浓度约为1000μg/m³，当再生塔出口的气相汞含量高于该值时，多余的汞就冷凝析出并聚集在分离器底部；脱水脱汞塔顶部出口气相温度升高到240℃左右时，脱汞剂表面银汞齐完全分解，脱汞剂得到再生，汞蒸气随再生气完全排出。

3 不同天然气脱汞技术比较

不同天然气脱汞技术各有优缺点。低温分离脱汞技术优点是与天然气处理相结合脱汞，不需要增加单独设备，缺点是如果温度不够低，汞析出量少，产品气中汞含量仍然较高。不可再生脱汞技术的优点是工艺流程简单，设备较少，占地面积小，缺点是吸附剂不可再生，一次投入较大，进料气中游离水含量要求小于 20mg/m³。可再生脱汞技术的优点是同时脱除掉原料气中的水和汞，分子筛可再生，缺点是装置设备较多，控制系统烦琐，再生气需再次脱汞，投资较大。具体比较结果见表 3，使用者可根据具体情况选择合适的脱汞工艺。

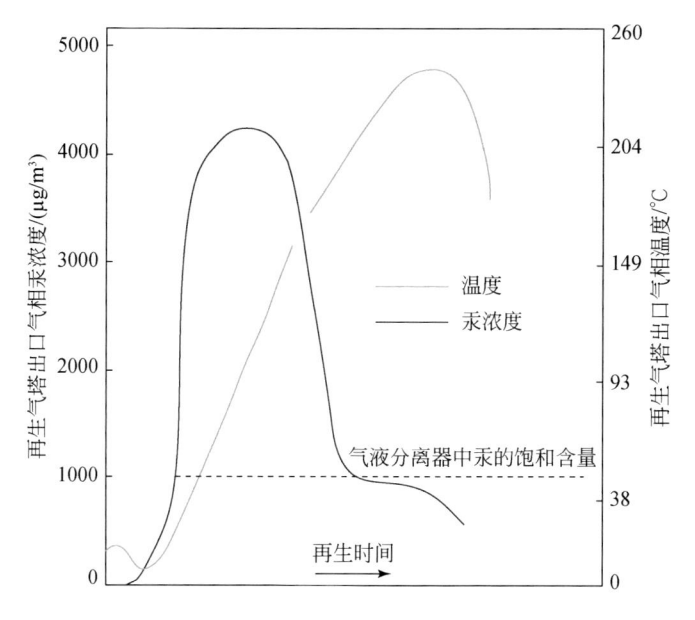

图 7　脱汞剂的汞解吸曲线[7]

表 3　不同天然气脱汞工艺比较

脱汞工艺	优点	缺点
低温分离脱汞工艺	与天然气处理相结合脱汞，不需要增加单独设备	如果温度不够低，汞析出量少，产品气中汞含量仍然较高
不可再生脱汞工艺	工艺流程简单，设备较少，占地面积小	吸附剂不可再生，一次投入较大；进料气中游离水含量小于 20ppm
可再生脱汞工艺	同时脱除掉原料气中的水和汞，分子筛可再生，减少了危险废物的产生	装置设备较多，控制系统烦琐，再生气需再次脱汞，投资较大，冷冻高耗能

4　结语与展望

（1）天然气脱汞机理和技术分为物理脱汞和化学脱汞两大类，化学脱汞根据脱汞剂的是否可再生性又可分为不可再生天然气脱汞和可再生天然气脱汞。物理脱汞工艺为低温分离工艺，低温分离器温度越低，低温分离后的天然气汞含量也就越低。不可再生天然气脱汞工艺所采用的脱汞剂一般为载硫活性炭和载金属氧化铝，脱汞剂使用后难以再生。可再生天然气脱汞工艺所采用的脱汞剂一般为载银分子筛，载银分子筛吸汞饱和后可以通过加热的方式进行再生，再生气通过冷凝可以回收液态汞资源。

（2）低温分离工艺、不可再生天然气脱汞工艺和可再生天然气脱汞工艺各有其优缺点，使用者应根据自有天然气生产工艺情况进行合理的选择。如对于采用低温处理工艺的天然气处理厂，若低温分离后的天然气汞含量难以达到 $28\mu g/m^3$ 的控制指标要求，则要么采取进一步降低低温分离器温度的措施，要么对低温分离器后的干气进行再脱汞。

（3）无论是不可再生天然气脱汞技术还是可再生天然气脱汞技术，均是采用固体脱汞剂进行天然气脱汞，近年来，国内个别单位提出了液体脱汞的技术思路，即采用液体脱汞剂进行天然气脱汞。在脱汞过程中，溶液中的氧化剂与天然气中的汞首先发生氧化还原反应，单质汞变成汞离子（Hg^{2+}），然后汞离子（Hg^{2+}）与溶液中的硫离子（S^{2-}）发生反应，形成硫化汞，从而达到脱汞的效果。由于该技术尚处于实验阶段，其应用前景有待进一步观察。

参 考 文 献

[1] 汞的安全标准. 江苏氯碱, 2009, (6): 37.

[2] Leeper J E. Energy Process. 1980, 59.

[3] 夏静森, 王遇东, 王立超. 海南福山油田天然气脱汞技术. 天然气工业, 2007, 27(7): 127-128.

[4] Ronny D, Richard J C B, Warren T C, et al. Elemental mercury vapour in air: the origins and validation of the "Dumarey equation" describing the mass concentration at saturation. Accreditation and Quality Assurance, 2010, 15(7): 409-414.

[5] Liu W, Vidic R D, Brown T D. Optimization of sulfur impregnation protocol for fixed-bed application of activated carbon-based sorbents for gas-phase mercury removal. Environmental Science & Technology, 1998, 32(4): 531-538.

[6] Abu El Ela M, Nabawi M H, Abdel Azim M. Behavior of mercury removal absorbents at Egyptian gas plant. SPE 114521, 2008: 1-8.

[7] 蒋洪, 梁金川, 严启团, 等. 天然气脱汞工艺技术. 石油与天然气化工, 2011, 40(1): 26-31.

[8] Mussig S, Rothmann B. Mercury in natural gas-problems and technical solutions for its removal. SPE 38088, Society of Petroleum Engineers, 1997: 559-569.

[9] Zettlitzer M, Scholer H F, Eiden R, et al. Determination of elemental, inorganic and organic mercury in north German gas condensates and formation brines. SPE 37260, Society of Petroleum Engineers, 1997: 509-516.

[10] 荣少杰, 丁宇, 葛劲风, 等. 天然气连续脱汞高效吸附装置及其使用方法. ZL: 201510816356.7, 2018-03-27.

[11] 严启团, 蒋斌, 韩中喜, 等. 天然气脱汞工艺方案探讨. 天然气化工-C1 化学与化工, 2018, 43(2): 87-92.

[12] 王智. 雅克拉集气处理站天然气脱汞工艺研究. 石油工程建设, 2011, (3): 39-40.

[13] Eckersley N. Advanced mercury removal technologies: new technologies can cost-effectively treat "wet" and "dry" natural gas while protecting cryogenic equipment. Hydrocarbon Process, 2010, 89(1): 29-35.